U0036399

中國石油外交策略探索
兼論安全複合體系之理論與實際

Researching China's Oil Diplomacy Strategy: Theory and Reality of Security Complexes

魏艾、林長青◎著

☙ 序 ❧

中國現今已經成為世界第二大的石油消耗國，每天要消耗掉744 萬桶原油，大約等於英、法、德及荷蘭四國消耗量的總和。隨著能源需求持續成長與國內原油產量停滯的雙重影響，每日進口原油量從 1993 年首度淨流入的 3 萬桶，逐漸增加至 2006 年的每日 376 萬桶，僅次於美國和日本，位居世界第三。根據國際能源總署的評估報告，中國經濟強勁的成長力道將促成境內耗能工業與個人能源消費的持續增加，到 2030 年每日必須進口 997 萬桶，屆時將擠下日本位居世界第二大原油進口國。中國的石油進口不但關係國家未來生存命脈，更成為世界能源市場的重大議題。

中國能源需求對國際政治產生的衝擊在於，在強大國力支持下，對外鞏固石油進口來源所採取的外交、軍事、經濟等作為，早已超越區域層次，以全球佈局的高度帶來全面性的影響。從亞太到中東，從非洲到拉丁美洲，中國有別於歐美國家的政策立場，相同地於各區域追逐石油資源，儼然以西方霸權以外的另一強權自居，挑戰歐美國家界定的國際秩序。吾人觀察近年來國際政治重大議題，舉凡亞太地區軍備擴張競賽，東南亞水域安全合作，美國於中東及中亞地區的反恐戰爭，非洲蘇丹和奈及利亞的內戰糾葛，拉丁美洲的反美聲勢甚囂塵上，追究事件的情勢演變，背後皆有美國勢力以外的中國因素運作，而且與石油資源關係緊密。

石油進口國對於石油資源的爭奪，原本就是國際政治的焦點所在，隨著石油蘊藏量的日益稀缺，國際原油價格也迭創新高，中國加入原本歐美國家主導的能源分配領域，而且善用聯合國安理會常任理事國的身分，在外交、軍售、經濟援助各方面多管齊下。中國地理位置居於亞太地區和亞洲中央地帶的雙重樞紐，向海陸兩路發展生存空間的結果，便是追求石油進口與周邊安全之雙重目標，驅使國家積極地參予俄羅斯遠東地區石油資源開發、上海合作組織的歐亞能源陸橋計畫、麻六甲海峽安全反恐演習，同時又在東海及東西伯利亞的石油開發上與日本與俄羅斯呈現微妙的牽制態勢。從柬埔寨到緬甸，從巴基斯坦到伊朗，中國的軍事與經濟援助除了鞏固石油運輸航線，同時對美國的地緣戰略隱然呈現頡抗狀態，因此中國的石油安全問題勢將成為未來國際爭端的焦點，此點可謂殆無疑義。

本書在撰寫的過程中，得力於國內外相關著作的研究發現甚多，引用來源均註明於書末的參考文獻，在此不一一贅述。隨著本書的資料累積，作者深切地感受到相關資料的涉獵範疇極為龐雜，從區域事務到國際政治經濟體系，與中國石油外交議題牽連的領域包羅萬象，也因此參考資料的研究取向各有偏重，海洋法、油管成本估算、軍事佈局、地緣政治的專業論述兼而有之，但是單一領域的深入未必能對這規模浩大的命題一窺堂奧。作者在發展本書的理論架構時，決定不僅止於前人著述的事實陳述，更要自行尋求完整的理論依據，期能對此跨領域的研究課題作出充分的論述；也因此本書的副標題便呈現了將石油外交議題，導入安全複合體的理論驗證成果，以中國為核心構築出原油出口國、地緣關係國及資源角逐國所組成的安全複合體系。

有別於傳統複合體系從區域組織出發的研究基礎，區域層次只是本書體系的分析面向之一，眾多焦點區域依據地緣關係排列後，具體而微地呈現中國對外的地緣政治與國際外交格局，兼採歐美學者的海/陸權地緣理論與中國提出的黃金圓理論，本書推導的安全複合體系，已經盡可能地涵攝相關著作的探討範圍，並且歸納各個面向的可能發展，一定程度地避免前人著作的領域侷限性，試圖更完整地分析這個橫跨政治、軍事、經濟、外交等多項學門的龐大命題，希望能為後繼研究者提供更系統化的檢驗基準，不至於流為見樹不見林的個別分析。

　　本書資料蒐集與寫作過程涉及諸多領域和繁瑣的資料分析，疏漏錯誤之處在所難免，祈望研究先進不吝提供指正意見，俾利石油外交和安全複合體兩大議題之整合研究，能有更完整的發展空間。

魏艾、林長青　謹誌

∞ 目　錄 ∞

圖　次

表　次

第一章

石油需求與外交政策
緊密結合的時代來臨

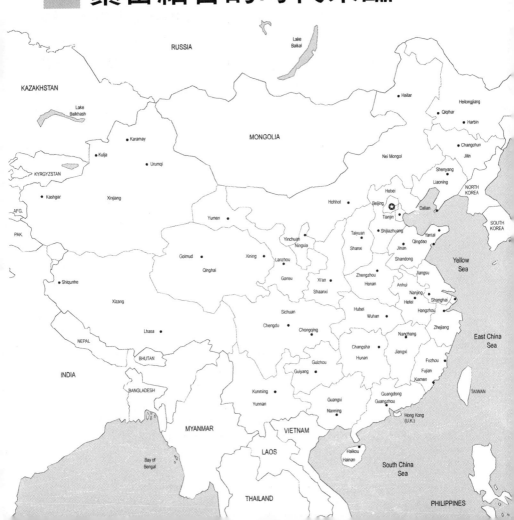

第一節　中國石油自主榮景不再

　　當前世界能源消費結構中，石油具有無可取代的核心地位，石油不但是全球最主要的能源選項，其裂解製品也廣泛地運用於軍事與民生工業用途，在技術與經濟成本的考量下，近期仍難以出現完全合適的替代原料。石油對於一個國家的重要性，除了是交通運輸與塑化產品的重要來源，還顯著地影響國家的經濟與軍事實力；如果無法獲得穩定的石油供應，石油價格便容易受到世界局勢的影響而大幅波動，進而危及經濟成長與國防軍力的運作，國家的整體發展也將因此受到深切的制約。能源安全是國家追求生存的最根本議題，掌握石油供應與價格的穩定性更是能源政策的關鍵。

　　中國大陸人口已經突破 13 億大關，佔了全球人口總數的二成，卻只擁有全球不到 2% 的石油資源[1]，由於以往經濟發展相對落後，中國大陸的石油供給維持自給自足狀態，在 1990 年代以前還是石油淨出口國；但隨著 1979 年改革開放政策所伴隨的經濟高

---

[1] 根據英國石油公司的估算，全世界的已探明石油儲量至 2006 年底為 12082 億桶，同期中國大陸已探明儲量為 163 億桶，約佔全世界的 1.34%。值得注意的是，若以 10 年作比較基期的話，1986 年與 1996 年全世界的已探明石油儲量為 8774 億與 10490 億桶，同期中國大陸則為 171 億與 164 億桶，分別只佔全世界已探明石油儲量的 1.94% 與 1.56%。長期看來，20 年之間中國已探明量減少了 8 億桶，同時全球新發現石油蘊藏成長了 3308 億桶，所以佔全世界的比重也是節節下滑。在此石油單位數據均以 1 噸等於 7.33 標準桶的國際公制換算；資料取自 British Petroleum Company, *Putting energy in the spotlight : BP Statistical Review of World Energy June 2007*(London, UK：BP Distribution Service, October 2007), pp.6-8.

速成長，工商生產及交通運輸規模擴張帶動的消費需求，使得自有石油資源逐漸難以支應，自 1993 年起開始成為石油淨進口國，石油消耗缺口逐年擴大，至今已有超過四成的石油仰賴進口[2]。面對國內原油生產成長幅度遠低於石油消費成長幅度的前提下，石油資源短缺已成為制約中國大陸整體發展的瓶頸，短期內自產原油大幅成長的可能性不高，因此石油進口持續擴大的趨勢無法避免。維持海外進口的穩定供應，將成為中國大陸石油政策最根本的議題。

一、中國對石油需求增長快速

最近二十年來，中國一直是世界上成長最快的經濟體，每年實質國民生產毛額都維持超過 10%的成長率，中國從自給自足的經濟型態轉為加工出口型經濟，加重了對資源的損耗，反映在石油消耗量指標上更為明顯。中國大陸在 1970 年代以前都還是石油出口國，圖 1.1 說明，情勢在 1990 年代呈現逆轉，1993 年每日石油消耗均量為 291 萬桶，每日生產均量為 288 萬桶，是首度呈現消耗大於生產的淨流入狀態，每日消耗缺口為 3 萬桶；隔（1994）年每日石油消耗缺口為 21 萬桶，自 1993 年以來彌補生產缺口的進口石油量逐年增加。1995 年每日消耗缺口為 41 萬桶，2000 年每日消耗缺口為 173 萬桶，截至 2006 年底每日消耗缺口為 376 萬桶，也就是每日石油消耗均量（744 萬桶）的 50.51%必須依賴進口石油來彌補。

---

[2] 資料取自美國能源部網站的估算，網址：http://www.eia.doe.gov/cabs/china. html

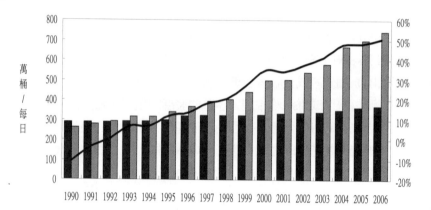

生產 ■ 消費 ■ 進口石油佔總需求量百分比

資料來源：美國能源部網站，網址：
http://www.eia.doe.gov/cabs/china.html；British Petroleum Company,
*Putting energy in the spotlight: BP Statistical Review of World Energy
June 2007*, pp.8-10。

**圖 1.1 中國每年生產／消費石油量與進口石油比重圖
（1990-2006 年）**

從圖 1.1可以看出，中國進口石油消耗量呈現逐年遞增的趨
勢，至 2006 年底已經達到每日 376 萬桶，已經超過國內出產量的
每日 368 萬桶，目前石油進口量排在美國與日本之後，位居世界
第三[3]；因此中國石油需求已經與國際緊密連結，並成為世界石油

---

[3] 在此將 1993 年列為中國石油首度進口大於出口年份，資料取自美
國能源部網站估算，並且依據 British Petroleum Company（英國石油
公司）資料逐年校正 1990 年到 2006 年的中國進出口總量，詳見：
美國能源部網址：http://www.eia.doe.gov/cabs/china.html.、British
Petroleum Company, *Putting energy in the spotlight: BP Statistical
Review of World Energy June 2007*, pp.8-10。

市場重要的行爲者。**表 1.1**爲各研究機構對中國未來石油需求量的估計，中國官方（國務院與國家計劃發展委員會）預測較爲保守，成長幅度大約是 19％至 23％，研究機構如IEA（國際能源總署）、APERC（亞太能源研究中心）都預測成長幅度超過 40％，但是中國石油需求量將隨著經濟規模的持續成長而大幅增加卻是各方一致的看法。

表 1.1　中國石油需求估算（2005-2030 年）

單位：萬桶／每日

預測年度 評估單位	2005	2010	2015	2020	2030
IEA		790		1060	1330
APERC	550	673	810	963	1344
SDPC		570	680		
PRC State Council		520		640	

資料來源：International Energy Agency (IEA), from: Claude Mandil ed., *World Energy Outlook 2004* (Paris: OECD Publication Service, November 2004), p.82; Asia Pacific Economic Research Centre (APERC), from: APERC, *APEC Energy Demand and Supply Outlook 2006: Projection to 2030 Economy Review* (Tokyo: APERC, September 2006), pp.137-138; State Development Planning Commission（SDPC，中國國務院國家計劃發展委員會）, from：Shixian Gao，"China" in Paul B. Stares ed., *Rethinking Energy Security in East Asia*（Tokyo: Japan Center for International Exchange, November 2000）, pp.43-58; PRC State Council（中國國務院），from：國家計委宏觀經濟研究院編，《中國中長期能源戰略》（北京：中國計劃出版社，1999 年 2 月）。

二、國內石油生產缺口造就進口原油量大增

中國石油需求缺口擴大的主因應為經濟高速成長,每年 9％以上的國民生產毛額成長率刺激國內對鋼鐵、水泥基礎原物料需求,按照 APERC 估算,中國目前工業生產占國內終端能源消費(Total Final Energy Demand)的 56％,至 2030 年以前所消耗能源將維持 3.3％的年成長量,超過 1980 至 2000 年代的 2.3％年複合成長量,等於至 2030 年以前平均每年增加 1080 萬桶原油消耗[4]。生活水準提高意味著發電量與機動車輛數量的大幅增加,中國為加入世貿已經逐年降低進口汽車關稅,關稅障礙將於 2007 年起完全撤除,人均購買力增加與車輛持有成本降低的雙重影響下,自 2002 年以來國內每年已增加 360 萬輛機動車輛,預計至 2030 年機動車輛將高達每仟人 90 輛,亦即車輛總數達到 1 億 3000 萬輛,該部分至 2030 年以前平均每年將增加 1670 萬桶原油消耗;而為降低二氧化碳排放量,天然氣發電預期也將從 1997 年的 17 兆瓦／小時(170 億度)提升到 315 兆瓦／小時(3150 億度),都將加重中國對石油及天然氣資源的依賴[5]。

此外,國內油田產量減緩也是需求缺口擴大原因。以國內產量第一、占國內總產量 35％的大慶油田為例,每日產出量從 1997 年的 117 萬桶直線下降到 2004 年的 96 萬桶,產量第二、佔國內總產

---

[4] APERC 所定義的最終能源消費量包含工業、住宅、運輸、商務等四大部門關於煤炭、石油、天然氣、再生能源、電力與地熱的總消耗量,均以原油熱當量(Oil Equivalent)形式換算,詳見:APERC, *APEC Energy Demand and Supply Outlook 2006: Projection to 2030 Economy Review* (Tokyo: APERC, September 2006), pp.22-33.

[5] APERC, op.cit., pp.22-33; Claude Mandil ed., *World Energy Outlook 2004* (Paris: OECD Publication Service, November 2004), pp.263-266.

量 17%的勝利、產量第三的遼河持平，華東地區的老油田都面臨了原油高含水率（88%）、高開採／鑽探比（75%）的生產瓶頸。因此國內的石油三巨頭（中國石油公司、中國石油化工公司與中國海洋石油公司）在鑽探新油田工作不餘遺力，尤其寄望西部新疆地區與海上油田可以彌補大慶等油田的生產缺口[6]。但是就現有生產狀況來看不容樂觀，**圖 1.2** 列出了國內第一大的大慶油田與新疆地區的吐魯番油田產量比較，大慶油田年產量已呈現負成長，同時期吐魯番產量從 29 萬 5 千桶成長到 44 萬桶，總產出相互折抵後雖然打平，但是吐魯番的年成長率也從 1998 年超過 6%的高峰期下滑到 2004 年的 4%。國內從 1990 年代以後新增的 35 個油田產量反映在總產量上，是從 1990 年每日的 290 萬桶增加到 2004 年 350 萬桶，每日產量 60 萬桶的小幅成長遠遠不及同時期增加的每日總消耗量 354 萬桶。**表 1.2** 為中國未來國內石油生產量的預估，預測數據與現時生產量相比，APERC、國務院與國家計劃發展委員會預估小幅成長，IEA 預估衰退 30%。

在已探明儲量未明顯增加的前提下，即使近來塔里木盆地與南海海域陸續投產，新開採油田最多也只能遞補愈見枯竭的老油田下滑的產量而已，因此國內生產量在未來 15 年內不容易有成長，中國已經無法維持石油消費自給自足的局面。中國越趨依賴

---

[6] 新疆塔里木地區與近海油田被認為是中國國內新世紀油氣資源希望所在，分別被評估為具有 30-80 億桶與 45-90 億桶蘊藏量的潛力，也是中國石油探勘業吸引外資的主要標的，但是除了國內商業合資與國土資源法規的限制外，塔里木盆地蘊藏油層深度太深（平均超過 1600 公尺）、分佈斷層不夠集中、南海領海爭議與地層結構的鑽探難度都是合資計畫鑽探成效不彰的原因。詳見 Mehmet ÖGÜTÇÜ, " China's Energy Future and Global Implications " , in Werner Draguhn and Robert Ash ed., *China's Economic Security*（London: Cornwall, January 1999）pp.126-129.

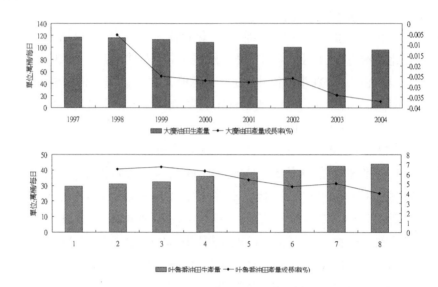

資料來源：Mehmet ÖGÜTÇÜ, "China's Energy Future and Global Implications", pp.125-126; Bo Kong, op.cit., pp. 35-37.

圖 1.2 大慶油田及吐魯番油田年生產量與年成長率

進口石油，圖 1.1 顯示進口石油佔中國國內消費量的比重快速增加，表 1.3 則為中國未來 15 年石油進口量的預估，中國至 2005 年底進口石油量已經為每日 336 萬桶，因此國務院預估 2010 年每日進口 170 萬桶顯得過於保守；而 IEA 的資料指出，到了 2020 年中國的石油消費將有 74%、亦即每日 785 萬桶來自進口，以目前中國每日原油進口量成長快速的趨勢看來，未來石油消費結構高度依賴進口原油將是不可避免；現在至 2030 年中國需求成長量將佔全世界原油需求成長幅度的 21%，屆時每日原油消耗量為 1330 萬桶，僅次於美國位居世界第二，每日進口量將為 997 萬桶，約略等於 2004 年美國的每日原油進口量，也將是世界第二大石油

表 1.2　中國國內石油產量估算（2005-2030 年）

單位：萬桶／每日

評估單位　　預測年度	2005	2010	2015	2020	2030
IEA		330		270	220
APERC	360	380		410	400
SDPC		380	410		
PRC State Council		330		360	

資料來源：International Energy Agency （IEA）, from: Claude Mandil ed., *World Energy Outlook 2004*（Paris：OECD Publication Service, November 2004）, p.106; Asia Pacific Economic Research Centre （APERC）, from: APERC, *APEC Energy Demand and Supply Outlook 2006：Projection to 2030 Economy Review*（Tokyo: APERC, September 2006）, pp.137-138; State Development Planning Commission（SDPC, 中國國務院國家計劃發展委員會）, from：Shixian Gao, "China" in Paul B. Stares ed., *Rethinking Energy Security in East Asia* （Tokyo: Japan Center for International Exchange, 2000）pp.43-58; PRC State Council （中國國務院）, from：國家計委宏觀經濟研究院編，《中國中長期能源戰略》（北京：中國計劃出版社，1999 年 2 月）。

進口國[7]，中國的原油需求已經是世界能源市場的共同課題。

---

[7] 中國 2002 至 2030 年預估石油進口規模資料參照 Claude Mandil ed.,*World Energy Outlook 2004* （Paris：OECD Publication Service, November 2004）, p.106。另美國 2004 年每日消耗原油均量為 2051 萬桶，每日進口原油均量為 1327 萬桶，詳見：Robert Priddle ed ., *China's Worldwide Quest for Energy Security* , （Paris： OECD Publication Service, 2000）; British Petroleum Company, op.cit., p.9 .

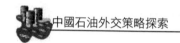

表 1.3 中國石油進口需求估算（2005-2030 年）

單位：萬桶／每日

預測年度 評估單位	2005	2010	2015	2020	2030
IEA		440		785	997
APERC	190	293		553	994
SDPC		190	270		
PRC State Council		170		180	

資料來源：International Energy Agency（IEA）, from: Claude Mandil ed., *World Energy Outlook 2004*（Paris: OECD Publication Service, November 2004）, p.266; Asia Pacific Economic Research Centre（APERC）, from: APERC, *APEC Energy Demand and Supply Outlook 2006: Projection to 2030 Economy Review*（Tokyo: APERC, September 2006）, pp. 137-138; State Development Planning Commission（SDPC, 中國國務院國家計劃發展委員會）, from: Shixian Gao, "China" in Paul B. Stares ed., *Rethinking Energy Security in East Asia*（Tokyo: Japan Center for International Exchange, 2000）pp.43-58; PRC State Council（中國國務院）, from：國家計委宏觀經濟研究院編，《中國中長期能源戰略》（北京：中國計劃出版社，1999 年 1 月）。

三、進口原油依賴中東及非洲地區

圖 1.3為進口石油區域佔中國總進口量的比重，若以區域做劃分，中東地區從最高峰 1998 年的 58％以來，一直都佔有 40％左右，另外非洲地區從 1993 年的 10％上下逐年提高，1993 年至 2005 年都有 20％以上的比重，超過東南亞地區位居中國進口原油

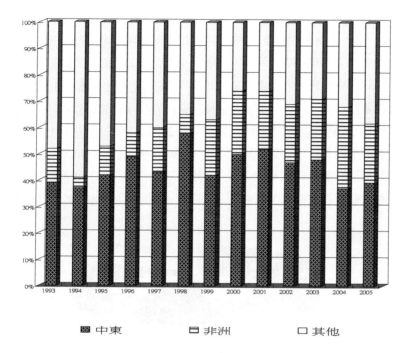

　　■ 中東　　　　日 非洲　　　　□ 其他

資料來源：Claude Mandil ed. ,*World Energy Investment Outlook 2003 Insight* , pp.168-174；British Petroleum Company, op.cit., p.7.

圖 1.3　中國石油進口區域比重分布圖（1993 年至 2005 年）

區域別第二位[8]。圖表顯示中國進口石油有 70%是從中東與非洲地區進口，上述區域經由印度洋、麻六甲海峽、南海進入東部沿海三大煉油基地（廣東湛江、浙江寧波、河北秦皇島）的供油航

---

[8] 1990 年至 2004 年部分根據 IEA 轉引 1990 年至 2004 年中國海關年鑑中國原油進口區域比重資料製作，2005 年數據為 British Petroleum Company 資料；詳見：Claude Mandil ed., World Energy Investment Outlook 2003 Insight (Paris: OECD Publication Service, 2004), pp.168-174; British Petroleum Company, pp.8-10.

線就供應了中國 65％的原油進口。

　　以 2006 年為例，中國自中東及非洲地區每日進口石油均量為 149 萬桶與 92.3 萬桶[9]，等於中國當年石油總消費量三分之一（32.3％）都來自中東及非洲地區，海上航道對中國石油安全的重要性可見一斑。中東與非洲輸出石油對中國的關鍵地位可以圖 1.4 作說明。以進口國別看來，中國 2005 年的十大進口來源國，中東地區（以空白區塊顯示）計有沙烏地阿拉伯、伊朗、阿曼、葉門等四國，非洲有安哥拉、剛果、利比亞等三國，從圖表顯示兩大區域就佔前 10 名中的 7 國[10]。其中必須說明中國何以特別

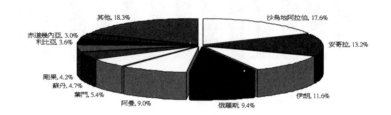

資料來源：美國能源部網站，網址：
http://www.eia.doe.gov/cabs/china.html, David Zweig and Jianhai Bi, "China's Global Hunt for Energy", Foreign Affairs, vol.84, no.5, September/ October 2005, pp.25-38.

圖 1.4　中國 2005 年十大石油進口來源國比重圖

---

[9] British Petroleum Company, op.cit.,　p.7.

[10] 資料排序方式與自 2000 年以來中國石油進口來源國順位變動情形，詳見：田仲仁，2003 年中國石油進出口貿易狀況分析，《國際石油經濟》（北京），第 12 卷第 3 期（2004 年 3 月），頁 10-14； Kong Bo, op.cit., p.34；British Petroleum Company, op.cit. , p.7.

依賴中東地區，截至 2004 年底世界前 14 大產油國中，中東就佔了其中的 5 國（排名第 3 的美國、第 6 的中國、第 13 的英國為進口國，11 個國家為淨出口國，其中沙烏地阿拉伯、伊朗、阿拉伯聯合大公國、科威特、伊拉克位於中東），每日均產量 2457.1 萬桶，佔世界每日均產量的 30.7％，而且中東地區每日消耗均量僅有 528.9 萬桶，淨出口量佔世界每日出口均量 4811 萬桶的 40.1％，更突顯了中東的關鍵地位[11]。中東主導了現代的石油生產格局，在未來也不容其他地區挑戰。

四、中東獨占原油出口龍頭地位不變

圖 1.5 為至 2006 年底世界各區域已探明石油儲量（Proven Oil Reserves），中東地區仍舊以 7427 億桶儲量，遙遙領先第二位歐亞大陸區 1402 億桶有五倍之多，更超過其他五大區域已探明量之總和，亦即佔有全球過半以上的石油蘊藏。中東除了儲藏量優勢外，現有開採與運輸總成本（不含鑽探失敗及設備折舊攤提項目）平均每桶 2 至 3.5 美元，遠低於北海的 10 至 16.5 美元、俄羅斯與中亞的 10-12 美元，而且含油層平均深度僅約地表到 1000 公尺上下、冬季溫暖油管設備不會結凍，開採深度低於北美洲與歐亞大陸地區，鑽探難度也較北海油田容易[12]，因此中東產油國仍將主

---

[11] 產油國產量排名係根據 British Petroleum Company 資料排序，依序為：1.沙烏地阿拉伯 2.俄羅斯 3.美國 4.伊朗 5.墨西哥 6.中國 7.挪威 8.加拿大 9.委內瑞拉 10.阿拉伯聯合大公國 11.科威特 12.奈及利亞 13.英國 14.伊拉克，詳見：British Petroleum Company, op.cit., pp.8-14．

[12] 成本估算問題詳見：IEA, *World Energy Outlook 2005 -- Middle East and North Africa Insights*, (Paris: OECD, November 2005), pp.119-122.

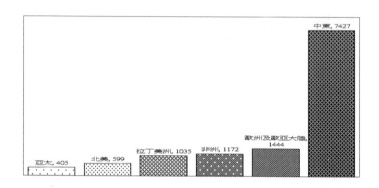

資料來源：British Petroleum Company, op.cit., p.7。

圖 1.5　至 2006 年底世界各地區已探明石油儲量（單位：億桶）

導全球原油市場價格走勢，也決定中國進口原油數量與國內經濟安全狀況與否。

　　世界石油儲量隨著鑽探技術的進步而日益成長，圖 1.6 為世界已探明總儲藏量的增長圖，近 20 年來已探明量從 7700 億桶成長到 1 兆 2000 億桶，淨增加了 4300 億桶，中東地區從獨佔全世界已探明量的 56%成長至 67%，仍居於石油輸出的壓倒性地位，超過其他地區總和，至 2006 年底可開採年限值（Reserve to Production Ratios , R/P ratios）平均都還有 80 年以上，北美與亞太地區則呈現逐漸下滑趨勢，歐亞大陸與非洲總蘊藏量與占全球比重持穩[13]。

---

[13] 全球 2005 年回報原油已探明儲量開採年限為 40.6 年，比 2004 年的 40.7 年微幅下降，但總儲量仍有成長，增加部分大多來自伊朗與俄羅斯回報數據。但是也有其他研究持懷疑看法，因為現行石油輸出國組織（Organization of the Petroleum Exporting Countries , OPEC）的輸出配額談判，現階段是依據各國回報的估計儲量為基準，估計儲存量的多寡事關產油國爭取銀行貸款與合作協議的優惠程度、甚

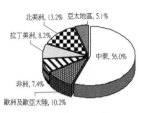

1985年：7704億桶

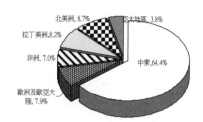

1995年：1兆270億桶

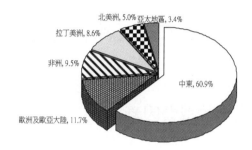

2005年：1兆2007億桶

資料來源： British Petroleum Company, *Putting energy in the spotlight : BP Statistical Review of World Energy June 2006*（London , UK：BP Distribution Service , October 2006）, p.7。

圖 1.6　1985、1995、2005 年世界各地區石油已探明儲量比重圖

至是該國在能源市場或國際政治之地位。而中東地區現有油田多發現於 1960 年代，雖然中東國家普遍受惠於 1970 年代能源危機的資金累積，但是 1990 年代的油價回軟致使沙烏地阿拉伯、科威特、阿拉伯聯合大公國等為首的中東產油國並不積極開發油源，向國際組織提報的可開採年限值往往歷經 20 年不變；例如科威特、安哥拉及阿爾及利亞仍以 1960 年代油區儲量為基礎提報，可能有誇大之嫌。因此大多為 OPEC 會員國的中東產油國，其所發表的已探明儲量、攸關油田壽命的含水率數據仍有待第三方釐清，詳見：British Petroleum Company, op. cit., p.10；Claude Mandil ed., *World Energy Outlook 2004* , pp.92-94 .

在可預見的未來，中國國內產量已無法滿足經濟成長所需，因此中國今後面向國際市場開拓進口管道時，中東地區油田持續穩產與低成本的優勢仍將是中國石油供應版圖最重要的支柱。而歐亞大陸區與非洲區在已探明石油儲量分居世界第二、第三位，每年佔中國石油進口比重均有所增加，預期中國將如同其他石油進口國家更積極地在上述兩個區域擴大投資。

第二節　主要進口運輸路線之選項與風險

一、石油安全的威脅因素

石油安全的定義是指國家在兼顧政治及經濟等各種利益前提下，維持石油供應數量與價格的穩定，從而避免石油短缺或價格突發上漲所導致的經濟停滯與國家利益損害[14]。當一個國家的石油消耗越趨於仰賴進口時，對石油供應數量與價格波動的承受能力就越低，更容易面臨經濟與軍事的衝擊，舉凡降低投資意願、工業產值銳減、失業率增加及軍事動員難以運作等負面影響皆是。石油進口國的國家利益既然與輸出國緊密相連，所以石油安全的威脅因素就必須先考慮與石油供應國的雙邊關係穩固與否，其次是供應國所在區域的政治穩定度，前者關係到兩國間石油供應契約能否有效維繫，後者取決於該區政治或經濟情勢是否因突發事件造成石油出口中斷。因此 Horsnell 將石油安全威脅事件分成區域性及全球性兩個層次來探討，事件分類表如**表 1.4** 所示。

---

[14] Erica Strecker Downs , *China's Quest for Energy Security* （Santa Monica ,Ca : Rand Corporation , September 2000）, p.27.

表 1.4　石油安全威脅事件分類表

分　類	對　應　事　件
一、區域性事件	
1.策略破壞	基礎設施遭意外或恐怖攻擊
2.禁運破壞	特定產油國或中轉國實施禁運 對特定國家實施禁運
3.市場秩序破壞	政府錯誤決策或獨占事業或壓力團體造成
二、全球性事件	
1.政策性中斷	產油國減產漲價
2.基礎建設破壞	產量不足
3.不可抗力之破壞	戰爭與封鎖通道
4.出口破壞	出口配額設限
5.禁運破壞	特定國家實施禁運

資料來源：Paul Horsnell, "The Probability of Oil Market Disruption: With an emphasis on the Middle East", cited in Philip Andrews-Speed, *The Strategic Implication of China's Energy Needs* (London: Oxford University Press, August 2002), p.13 .

　　從區域性事件看來，如果依賴某一特定石油進口國所需承受的風險，為當地生產設施發生工安事故或遭受攻擊、該國因政治或經濟理由片面實施禁運甚至是中轉國實施禁運所造成的供應中斷，相對應策略為分散投資地區、降低投資單一國家油田比重，不要將雞蛋放在同一個籃子裡；洽談合約前做好相關政治及經濟風險評估、並慎選投資標的，儘量避開政治動盪國家以免危及供應穩定度[15]。同時加強與石油出口國之雙邊關係，除單純購油合

---

[15] Philip Andrews-Speed , Xuanli Liao and Roland Dannreuther , The Strategic *Implication of China's Energy Needs*（London ： Oxford University Press , August 2002）, pp. 13-18 .

約外，到海外直接投資該國產區及煉油廠、或是吸引出口國資金在本國投資煉油基地或是化工產業，以合股關係形成與產油國相互依存的產銷聯合，藉由同盟關係增加善意、避免受到禁運或減產制裁。全球性事件則是超越單純產銷雙邊關係的價格或供應波動事件，因為某些政治或經濟事件所引發的石油危機。一般說來市場經濟的石油價格是受供需關係的影響，雖然石油危機起因於市場因應短缺的價格調節，但是在某些情況下，危機可能是流通不暢、缺乏自由市場機制而導致。例如 1973 年能源危機係阿拉伯國家為主的石油輸出陣營，因不滿西方國家支持以色列而採取石油禁運；因伊朗革命而爆發的 1979 年能源危機；兩次波灣戰爭引發的 1990 年、2004 年油價飆漲。特別是中東地區因為戰爭所相隨的禁運、減產、航線封鎖往往帶來全球性的油價飆漲，在可預見的未來，中國因為國內產量有限與石油進口的仰賴中東程度而更容易受到全球性事件的影響。

二、中國石油進口來源的政治風險

中國進口石油目前依區域比重，有 40% 來自中東地區，30% 來自非洲地區。中東因為種族與信仰衝突的連年發生而情勢不穩，一向是國際政治世界中的軍事衝突地帶。在中國的石油進口來源國中，數量排名第一位的沙烏地阿拉伯因支持美國入侵伊拉克而導致國內好戰份子針對美軍基地、石化生產園區屢次實施恐怖攻擊活動[16]；第二位的伊朗在什葉派教士領導下支持敘利亞及黎巴嫩真主黨（Hezbollah）成員與以色列長期作戰，並且致力於

---

[16] Bo Kong, *An anatomy of China's Energy Insecurity and Its Strategies* （Virginia, U.S.: National Technical Information Service, December 2005）, pp7-10.

核原料裂解實驗，嘗試製作原子彈；第四位的阿曼與鄰國阿聯酋長國及伊朗因為波斯灣到荷姆茲海峽附近三個小島的所有權爭奪而多次引發邊境糾紛[17]。

非洲產油國情勢同樣不平靜，普遍處於內戰與鄰國勢力干預糾結中，交戰團體利用石油外匯收入支持作戰的軍費開銷。例如中國此地最大進口來源國安哥拉，其政府係由蘇聯支持的安哥拉解放人民運動（Popular Movement for the Liberation of Angola, PMLA）組成，與美國和南非支持的安哥拉全面獨立民族聯盟（National Union for the Total Independence of Angola, NUTIA）從1975 年爆發內戰至今仍未完全平息；而蘇丹政府支持的阿拉伯裔Janjaweed民兵入侵黑人土著為主的達富爾（Darfur）地區，並與當地叛軍組織「蘇丹解放軍」（Sudan Liberation Army, SLA）及「公義及平等運動」（Justice and Equality Movement, JEM）連年內戰[18]；剛果則因前總統李樹巴(Pascal Lissouba）忌憚後來成為總統的恩格索（Denis Sassou- Nguesso）在軍中的勢力，發動軍事突襲失敗後流亡倫敦，支持前總統的民兵勢力Ninjas及Cocoyes自 1997 年以來對政府軍作戰，雙方迄今仍打打停停[19]。

就個別國家看來，中國的油源國普遍處於戰亂頻仍狀態，而且軍事攻擊行動經常發生油井等生產設施破壞的事件，而內戰致使政權非和平轉移的變故所伴隨的產銷合約中止或是撕毀，都是

[17] Ingolf Kiesow, *China's Quest for Energy: Impact Upon Foreign and Security Policy* (Stockholm: Swedish Defense Research Agency, November 2004), p.13.

[18] Alfred de Montesquiou, "African Union Force Ineffective, Complain Refugees in Darfur", *TheWashington Post*, October 15, 2006, p.A15.

[19] Bo Kong , op.cit., pp10-11.

導致石油穩定供應的威脅因素。歐美石油公司因為蘇丹與奈及利亞各自陷入內戰而撤離,中國反而積極介入開發,結果探勘人員在兩國都傳出遭殺害的事件[20];現有的石油進口格局因為與許多政治局勢不穩的產油國連動而承受了極大的政治風險,並影響了石油產銷商業運轉的維繫。另外一個矛盾的現象是,中國為了強化石油供應合約的可靠性、並與美國在中東或非洲地區競爭其影響力,經常以聯合國常任理事國身份否決不利於伊朗、蘇丹的制裁案,為中東及北非地區情勢增加不穩定因素。甚至透過中國兵器工業集團公司旗下的主要貿易代理商-中國北方工業公司(China North Industries Corporation, NORINCO)附帶對伊朗、敘利亞、蘇丹、奈及利亞、安哥拉等國家或該國內戰勢力提供各項軍事與工程援助[21];間接地延長了產油國的政治情勢動盪,可能造成石油供應的安全困境。

全球性事件則涉及了全球石油市場格局不易維持穩定的特徵,尤其石油輸出國組織(Organization of Petroleum Exporting Countries, OPEC)會員國總產量經常佔世界石油輸出的六成以

---

[20] 吳福成,「國際能源掃描」,《能源報導》(台北),2006 年 5 月號,頁 39。

[21] 中國北方工業公司成立於 1980 年,原隸屬於國務院兵器工業部,1996 年兵工部撤銷後、1998 年移撥到國務院國防科學工業委員會旗下的中國兵器工業集團公司。主要經營武器裝備產品有炸藥及爆破器材、民用槍支彈藥、光電產品、車輛和機械產品、稀有礦產等,集研發、生產、銷售為一體的企業集團,最著名的案例是曾經對伊朗銷售 C-180、C-181 型反艦飛彈,協助其封鎖荷姆茲海峽。對產油國軍火換石油的交易中經常以作價方式折換原油,例如對蘇丹單年的銷售量最高達到 100 億美元。詳見 Richard F. Grimmett, *Conventional Arms Transfers to Developing Nations, 1993 to 2000*, pp. 58-60.

上，會員國達成減產協議時經常可以有效地抬昇油價[22]，**表 2.4** 所提到的出口配額設限就是與減產協議相互搭配的方式。中國在石油進口量躍居世界第二位之後，石油供應穩定度與經濟表現更受到世界油價連動的影響，基於石油資源的有限與不可再生性，油價的決定權將更向產油國組織傾斜，1990 年代初期因生產設限協議破裂而帶來的油價低迷已不易復見。油價逐年墊高的問題不只中國、而是全世界石油進口國所需面對的共同課題。石油產地集中於戰爭頻繁的中東地區，該區域的突發事變往往就形成石油安全威脅的全球性事件，其衝擊在於供應的不確定性導致油價的急劇暴增；例如 1973 年贖罪日戰爭每桶從 3.5 美元漲到 12 美元（換算成 2004 年的幣值水準為 47 美元、以下括弧亦同），1979 年伊朗革命時每桶 13 美元衝到 35 美元（82 美元）、1990 年伊拉克入侵科威特的每桶 16 美元漲到 24 美元（35 美元）、2003 年美國入侵伊拉克的每桶 25 美元漲到 38 美元（38 美元），而二次世界大戰之後 1950 年到 2005 年的 55 年間平均油價僅為 9 美元（16 美元）而已[23]，由此可見中東地區的局勢動盪經常促使油價飆漲、

---

[22] 現今 OPEC 成員國計有阿爾及利亞、利比亞、奈及利亞、伊朗、伊拉克、科威特、沙烏地阿拉伯、卡達、阿聯酋長國、委內瑞拉、印尼等 11 個國家，控制全球 65％的石油儲備與 52％的出口量。其中沙烏地因為產量的獨大而以出口設限為武器、以總生產量的槓桿作用制衡過度增產破壞協議的國家，例如 1997 年的油價崩盤事件，便是依賴沙烏地的善意減產才有後來委內瑞拉查維茲總統成功的調停。有時沙烏地阿拉伯甚至是反其道而行，以大幅擴產的策略摜壓油價，促使不遵守配額協議的增產國重回談判桌。沙烏地的主導地位分析詳見：Daniel Yergin, *The Prize: The Epic Quest for Oil, Money, and Power* (New York: Simon & Schuster, 1991), pp.632-635.

[23] Mamdouh G. Salameh, "Quest for Middle East oil: the U.S. versus the Asia-Pacific region", *Energy Policy*, 2003(31), p.1086.

變成全球性的能源危機，特別是中國現有 40%進口石油來自中東，未來中東的政局動盪勢必將直接影響中國的石油安全策略。

三、海上航線運輸風險

　　除了中東本身的石油供應問題外，中東原油的運輸安全也是影響供應穩定的關鍵點，輸出至歐美與亞太等需求區域依賴少數幾個戰略孔道，從圖 1.7 可以看出這些戰略孔道所居的樞紐地位。蘇彝士運河（Suez Canal）、荷姆茲海峽（Strait of Hormuz）

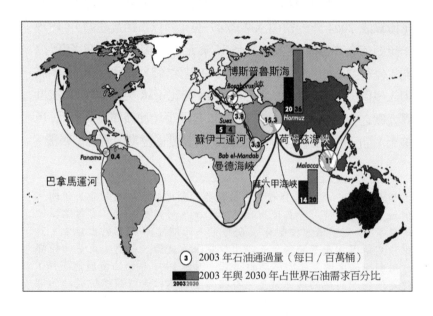

資料來源：Claude Mandil ed., *World Energy Outlook 2004*, p.120。

圖 1.7　全球重要石油運輸管道通過量示意圖

及麻六甲海峽（Strait of Malacca）在 2003 年石油運輸量總合為每日 3000 萬桶，佔世界石油需求的 39%，預估到了 2030 年通過量將成長到世界需求的 60%，已經是世界石油轉運的命脈。三大海上通道安全對中國的影響同樣深遠，從中國角度而言，進口原油量的 40% 來自中東地區，須經荷姆茲海峽出口；進口原油量的 30% 來自非洲地區，須取道蘇彝士運河通往印度洋；兩個區域原油都必須從麻六甲海峽轉南海進入華東地區，因此確保海上通道的安全暢通是中國石油安全利益的優先目標。

　　荷姆茲海峽是連接波斯灣和印度洋的海峽，亦是唯一進入波斯灣的水道。現時海峽是全球最繁忙的水道之一，2003 年每天平均有 1500 萬桶原油從此輸出，佔了全世界原油需求的 20%，預計到了 2030 年該孔道運輸原油將佔世界需求的 36%。荷姆茲海峽對世界石油供應的關鍵地位還可以從 1980 年的兩伊戰爭看出；當時控制海峽北邊的伊朗對於支援伊拉克的歐美國家油輪實施強制登船檢查與驅逐行動，立即造成當年全球油價的飆漲[24]，由此可知運輸安全之破壞對於敏感的油價，影響所及並不亞於生產設施。

　　麻六甲海峽全長約 1080 公里，西北部最寬達 370 公里，東南部最窄處 37 公里，是連接太平洋南中國海與印度洋安達曼海的國際水道。麻六甲海峽攸關中國、日本等亞太國家進口石油命脈所繫，2003 年通過原油運輸量佔世界原油需求量的 14%，其運輸問題在於航路狹窄、海盜猖獗。例如南部出口的新加坡菲利普水道（Phillips Channel）雖然有 805 公里長，但最窄處只有 2.8 公里寬，造成海上交通不便；由於海峽船隻往來繁忙又處於印尼／馬來西

[24] Thomas P.M. Barnett, Asia's Energy Future: The Military-Market Link" in Sam J. Tangredi ed., *Globalization and Maritime Power* (Hawaii: University Press of the Pacific, Feburary 2004) ,pp. 190-194.

亞／新加坡三國交界，國際間合作偵緝海盜行為經常出現問題。麻六甲海峽發生的海盜事件，從 1994 年的 25 宗增加到 2000 年的 220 宗；而在 2003 年則發生了 150 宗，占世界海盜事件的三分之一[25]。麻六甲海峽海底平坦，而且水流平緩、容易淤積泥沙，所以水下有數量不少的淺灘與沙洲，容易發生郵輪擱淺事故；加上印尼經常發生森林大火，又有焚燒森林進行火耕的傳統，煙霧致使海峽水道只有 200 公尺能見度，嚴重影響航行安全。因此專家評估海盜團體與回教激進組織均有可能利用最淺處 25 公尺深的弱點，以鑿沉船隻癱瘓海峽運輸的策略實施恐怖攻擊[26]。

四、陸路管線計畫短期內難成為進口主力

中東原油所佔比重節節上升，具有供量穩定、成本低廉的優勢。但其進口路線除了上述區域政治情勢風險與運輸管道風險之外，從波斯灣、印度洋、麻六甲海峽到南中國海都籠罩在美國與其友邦的勢力籠罩下，因此尋求陸上石油的開發成為兼顧地緣政治與自主開發油源的重要考量。有鑒於陸地疆界接壤超過六千公里的中亞、俄羅斯油氣蘊藏豐富，而且陸上油管從產地直通中國不需經過其他國家，中國石油積極簽署開發合約。俄羅斯合作案主要有西伯利亞的伊爾庫茨克州（Irkutsk）通往黑龍江大慶油田、維持原有運輸量效益的安大線計劃、薩哈自治共和國（Sakha Republic）天然氣透過與內蒙自治區之鄂爾多斯高原的原有幹線接管，可以直通北京與華北地區，逐漸取代家戶使用的褐煤，改

---

[25] Bo Kong , op.cit., p.43 .

[26] Robert Priddle ed ., op.cit.,   p.119 .

善華北地區空氣品質[27]。至於中國向哈薩克標購的亞賓斯克
（Aktyubinsk）、烏山（Uzen）產區後，已建成從阿塔蘇（Atasu）
到中哈邊境的阿拉山口長 962 公里的輸油管，可與新疆北疆烏魯
木齊、南疆庫爾勒的幹線接管，沿著隴海鐵路的方向向東部地區
供油[28]。

　　中國與西北方的鄰國發展油氣合作計畫，有幾個必須考量的
風險因素。第一，俄羅斯西伯利亞地區凍原地形與中亞地區沙漠
地帶增加了運輸成本，而且油層帶較深，探勘成本平均高於中東
地區。第二，中國在建政初期包括石油化工與國防、交通建設等
基礎工業方面，極度依賴蘇聯技術顧問團與資金支援，但是雙方
領導人（毛澤東、赫魯雪夫）因修正主義路線與邊境紛爭而導致
中蘇分裂，蘇聯完全撤出各項合作方案[29]。中國在國內經濟產業
付出了長時間的陣痛代價，之後才逐漸摸索出自力更生的路線，
石化工業方面則是在大慶與勝利油田會戰成功時期才走向能源自
主。中國國家領導人對於石油依賴議題戒慎恐懼的心態反映在石
油安全體系的建構上，特別提防對單一產油國的依賴[30]，尤其俄
羅斯供油計畫的反覆態度與積極干預中亞石油出口，使得中俄油
氣合作呈現膠著態勢。

　　第三，俄羅斯對於外資介入國內油氣資源抱持疑慮態度，不

[27] Shawn W. Crispin , " Pipe of Prosperity " , *Far Eastern Economic Review* , vol. 16 7,no. 7 (Feb 19 , 2004) , pp.13-15.

[28] IEA , op.cit., p.64.

[29] 陳永發，《中國共產革命七十年》，（台北：聯經，1998 年 12 月），頁 460-464。

[30] Keith Bradsher , " China wrestles with dependence on foreign oil " , *The New York Times* , September 4, 2002

願中國完全掌握伊爾庫茨克州的安爾加斯克（Angarsk）油田出口，與中國簽約的尤科斯石油公司（Yukos Oil Company）負責人霍多爾寇夫斯基（Mikhail Khodorkovsky）被總統普丁（Vladimir Putin）整肅入獄後，俄羅斯官方轉而接受日本資金修築安爾加斯克經泰舍特（Tayshet）到納霍德卡（Nakhodka）港油管的主線計畫，增加對日本與韓國輸出的選項[31]。原有安爾加斯克經滿洲里到大慶油田的直通線，降級成繞經泰舍特至大慶油田支線，中方計畫提升年運輸量與併東北油田合建運輸設施的效益因此受限。第四，中國在哈薩克中部收購油田後，展望哈國主要產區裡海油田，但是美國強力主導裡海向土耳其修築油管與向烏克蘭修築天然氣管的計畫，並且得到俄羅斯支持以牽制中國勢力在中亞地區的發展[32]。中國原本與哈薩克簽約，將從阿塔蘇向西繼續修築 2200 公里油管到裡海海濱的石油港阿特勞（Atyrau），現時能否擴大原有亞賓斯克產區開發成果不無疑問。

　　綜合上述研判，中國現時依賴中東與非洲進口石油為主的結構，有該區域情勢波動與過於依賴單一運輸路線的風險，因此中國的石油安全政策除了持續經營對產油國關係及參與國際間海事安全合作措施，還必須尋求多元化進口來源和多元化運輸路線之替代選項，展望俄羅斯及中亞地區已經是不得不為的政策方向，但是該區域潛藏的開採成本與俄羅斯模擬兩可的態度將是中國發展陸地石油來源最主要的不確定因素。

---

[31] Philip Andrews-Speed, Xuanli Liao and Roland Dannreuther, *The Strategic Implication of China's Energy Needs* (London: Oxford University Press, August 2002), p.19.

[32] Flynt Leverett and Jeffery Bader, "Managing China – U.S. Energy Competition in the Middle East", *The Washington Quarterly*, vol.29, no.1 (Spring 2005), pp.187-201.

第三節 安全複合體系理論的石油安全觀點

吾人瞭解中國石油進口議題應從地緣觀點著手，分析海外進口來源結構的地緣問題與對應政策，引用安全複合體理論解釋中國發展產油國及周邊國家之能源合作關係，並評估中國如何藉此降低威脅石油供應穩定性的因素。中國基於國家利益需求所建立的石油外交策略與其相關多邊關係自成體系，而體系的建構有賴於中國與產油國或地緣關鍵國家建立關係，同時外在競爭對手的牽制間接促成了體系運作。中國目前每日進口石油均量為 376 萬桶，主要路線是從中東與非洲地區進口，經印度洋經過麻六甲海峽轉南中國海到東部沿岸的幾個煉製基地卸貨[33]，稱之為中國的海上生命線也不為過。途經的重要國家包括中東的沙烏地阿拉伯、阿拉伯聯合大公國、新加坡、馬來西亞、印尼與菲律賓都與美國具有政治和軍事各方面的合作。就中國的觀點而言，海上生命線受到美國勢力的籠罩，如何鞏固生命線的正常運作，甚至另外發展其他路線分散其風險，將是能源安全的核心議題。這些作為包括拉攏俄羅斯與中亞國家的能源合作，積極參與東協事務，

---

[33] 按 British Petroleum Company 數據到 2006 年底為止，中東原油出口到中國 5.41 億桶，佔中國總進口量 14.05 億桶的 38.54 ％，如果加計同樣走麻六甲海峽進口的非洲原油 3.37 億桶，該路線經過油量已佔中國總進口量的 62.54％，另 Smil Vaclav 著作估算數為 53％，所佔比重均超過中國進口原油量的 50％，皆可証明海上生命線對中國石油需求的重要性。詳見：British Petroleum Company, *Putting energy in the spotlight: BP Statistical Review of World Energy June 2007* (London, UK: BP Distribution Service, October 2007), p.20; Smil Vaclav, *China's Past, China's Future – Energy, Food, Environment* (New York: Routledge Curzon, December 2003), p.32.

對日本鄰接海域爭議採取強硬姿態，擴大對中東、拉丁美洲、非洲石油探勘等作為；以下將檢視中國如何以外交手段促成分散單一油源、確保石油運輸通道暢通的目標，並評估發展周邊國家關係是否確保了石油安全體系的建構。

一、以中國為核心的體系推導

石油安全是指維持石油供應穩定，從而避免油價突發性上漲所導致的經濟停滯，石油安全複合體基本上是以國家為行為主體，另包括區域組織與石油企業等行為單元；複合體系基礎為區域安全與石油供輸需求交互作用，穩定性之威脅來自於其他單元體（國家-石油公司）的牽制與競爭。吾人了解，以中國為核心所探討的複合體系，石油進口高度依賴中東地區與麻六甲海峽轉運，並不會致使油價高漲，而是中東政治局勢動盪，或運輸路線上的軍事衝突對穩定供應性的衝擊將引發油價上漲。因此前述供應瓶頸不代表中國的石油供應已經發生了危機或是不安全，而是解釋石油安全策略的發展方向係透過外交手段鞏固與供需複合體系國家關係，避免這些瓶頸確實造成威脅。從相對地緣位置來看，可以圖 1.8 作說明。

複合體系列出中國的四大進口地區，中國從中東進口原油的海上運輸線從麻六甲海峽轉南海北上，路線經過的東協（主要是印尼、越南）也是中國的石油進口來源國，非洲原油進口路線因為與前述路線重疊而不另列出，因此俄羅斯、中亞、東協、中東指向中國的實線箭頭代表四大區域對中國供應石油的關係，亦為本論文所指涉的石油外交目標。美國與日本列為體系內牽制力量來源，日本與中國競爭鄰接海域的海上天然氣田開發及俄羅斯遠東地區油管計畫，並積極加入東協海事合作機制，東協和俄羅斯

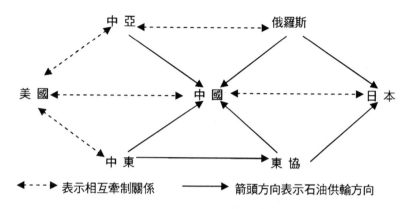

◀- - -▶ 表示相互牽制關係　　━━━▶ 箭頭方向表示石油供輸方向

圖 1.8　中國石油安全複合體系圖

導入日本資金開發石油，因此形成對中國石油安全體系之牽制。
美國藉由入侵阿富汗控制中亞對外管道、入侵伊拉克主導中東政
治局勢，牽制中國在此區域石油外交策略推展，因此美國及日本
指向中國均爲虛線箭頭。中國對中亞發展石油合作關係時因爲削
弱俄羅斯對該區域的控制力，並且分散美國裏海油管計畫的運輸
能量，因此美國以推展顏色革命與提供軍事及財政援助方式、俄
羅斯以籌組石油輸出聯盟方式搶占對中亞的主導權。美俄兩國指
向中亞以虛線箭頭代表其策略，美國出兵中東亦基於同樣的戰略
考量，上述作爲因影響中國對中東及中亞推展石油合作的主導力
量，均以虛線箭頭代表對中國建構石油安全體系的牽制關係。

　　吾人瞭解，中國石油外交安全複合體系是中國藉由發展周邊
國家關係，建構石油供需的相互依存體系，並界定爲以區域組織、
國家、石油公司爲單元體，結合本國地緣戰略觀點所形成的安全
複合體系（Security Complexes），中國尋求能源穩定供應的作爲
構成複合體安全的催化條件與牽制因素，因而決定了對體系內國
家外交策略的運用。中國現今主要的石油進口來源爲中東與非洲

地區，而周邊區域的俄羅斯、中亞、東南亞地區則是增加石油探
勘的重點地帶；中國以國家的力量主導石油公司的海外開發，石
油供需關係的形成因此涉及了國家層次的互動。中國位居亞洲太
平洋的交界，從周邊國家的地緣戰略與石油運輸安全的交互影
響，可藉由以中國爲核心、石油輸出國家與外部油源競爭國家爲
互動單元體所構成的安全複合體系，來觀察中國的全球石油安全
佈局，及其周邊國家政策的行爲模式。

關於安全複合體的觀念，在 Barry Buzan 等人所著的
Security：A New Framework for Analysis 中定義爲：國際體系中某
種以地區爲基礎的國家群體，其主要安全認知（Security
Perception）與國家利益相互連結，形成安全相互依存的模式；驅
動安全相互依存的動力可能爲敵對競爭或是對共同威脅的恐懼
[34]。Buzan 提出安全複合體的概念原是爲了描述新現實主義學說對
體系層次的權力結構之探討，並且定義爲古典複合安全理論
（Classical Security Complexes Theory, CSCT），相關的成果以北約
與歐盟研究爲最興盛。Buzan 認爲 CSCT 著重於國家作爲行爲主
體，與其他客體在政治、軍事、經濟等安全領域產生連結；因爲
安全即爲生存，政治與軍事手段的運用被視爲國家對生存威脅的
回應[35]。

---

[34] Barry Buzan, Ole Waever and Jaap de Wilde, *Security: A New
Framework for Analysis* (Boulder, Colo.: Lynne Rienner Publishers,
November 1997), pp.14-27.

[35] Barry Buzan 擴張了安全複合體的解釋力，提出同質複合體
（Homogeneous Complexes）與異質複合體（Heterogeneous
Complexes）作爲對 CSCT 的超越，亦即更開放的複合安全理論。同
質複合體是將傳統安全觀念延伸到特殊領域的論述方法，除了政治-
軍事安全複合體中國家居於支配地位，安全化的指涉對象爲國家間
權力爭奪之外，社會複合體的運作單元可以爲民族群體或是特定社

二、領域穿越之於中國個案研究

　　原有的安全複合體研究，是由哥本哈根學派對歐盟研究的安全社群（Security Community）途徑所延伸出來的概念，意指地理上接近的一組國家，基於文化與歷史的演變、形成相互連結的共同安全認知，個別國家的安全利益問題都必須在體系內尋求解決。傳統上區域安全議題被視為國際體系的一個次級系統，但是安全複合體系的研究途徑試圖在具有地理接近性、而且安全議題相互依存的國家群組中，建立多面向對話管道，跨越傳統的軍事／政治領域，在經濟／社會／環境等領域也存有尋求衝突解決的安全驅動力[36]。

會階層，經濟複合體的運作單元可能是企業集團或是產業工會，這些單元都可以為安全化的指涉對象，並且套用 CSCT 關於外在威脅以及合作行為的概念來研究。異質複合體則不限於特定領域的論述延伸，複合體可以結合不同類型的行為主體，在兩個或多個以上的領域發生互動，國家、民族、企業都可以是安全化的指涉對象，並且在政治、經濟、社會甚或是環境保護領域相互影響，詳見 Barry Buzan, Ole Waever and Jaap de Wilde, op .cit., pp.16-22。

[36] Barry Buzan 認為原有解釋區域統合的安全社群理論，強調區域內政治與軍事事務的權力平衡，缺乏因應國際事務變化快速的解釋力與滲透力，因此提出五大領域的安全複合體（軍事、政治、經濟、環境社會）與五個層次的安全化指涉對象（個人、團體、國家、區域、國際社會），安全複合體經由維持現狀（Maintenance of Status quo）、內部轉換（Internal Transformation）、外部轉換（External Transformation）、覆蓋（Overlay）四種可能的演變型態，而呈現混沌秩序或完善的安全社群等結果。Buzan 將原 Kral Leutsch 提倡的安全社群定義為安全複合體發展的理想階段，互賴關係來自於成員對恐懼或威脅所形塑的安全認知，並因此促成國家間採取有助於區域整體利益發展的善意互動模式。詳見 Barry Buzan, Ole Waever, and

　　依照複合安全理論概念界定，中國運用外交手段所建構的石油安全體系包括了多項領域的結合，石油供需穩定確保經濟發展屬於經濟領域、參與體系內區域事務屬於政治領域、建立運輸路線上軍事合作關係屬於軍事領域。中國石油安全體系的建構並不是從同質或異質複合體的概念中擇一套用，因為此一複合體結合了經濟與國際關係等安全領域的探討，行為主體不僅止於國家之間，也牽涉到企業層次的互動，石油供需是複合體安全的催化條件，體系內區域情勢安定與石油供需穩定策略則互為促成手段。因此以開放性複合安全理論「領域穿越」的概念，容納同質與異質複合體並存的論述將更符合實際狀況。

　　中國石油安全複合體系的基本前提，是中國與俄羅斯、中亞、東協、中東地區國家存有石油天然氣合作的互賴關係，並且對各國雙邊關係產生外溢效應；中國在石油安全方面的利益在於，建立多元化的進口管道、確保石油供應穩定與運輸通道暢通不受外力威脅，以支持經濟持續發展與國家正常運作。體系內共有的權力結構是綜合各項領域合作的區域組織，從北邊的上海合作組織、到南邊的東南亞國協及相關論壇，複合體系內國家透過區域組織建立對話與外交合作管道，而且單元體的指涉對象除了國家之外，石油與軍火產業也存在依存共生的強化效果。

　　石油安全複合體兼容了能源依存的經濟安全議題與區域安全議題，具體而言，中國與產油國係以探勘、供應合約或是合資煉製廠將供需體系建立起來，行為主體除了國家之外，雙方石油公司甚至是軍火產業都在其中扮演了重要角色；中東或是中亞地區不但出口石油到中國換取外匯，也進口中國製武器或是進行軍

Jaap de Wilde, op.cit, pp.194-218; Barry Buzan, *People, States, and Fears: An Agenda for International Studies in the Post-War Era* (Boulder, Colo.: Lynne Rienner Publishers, January 1991), pp.8-23.

事合作。而經由上海合作組織以及中俄戰略伙伴協作關係進一步
鞏固中亞及俄羅斯能源陸橋，在接續國內油管與維持邊界安定的
經濟／政治雙重需求下形塑相互依存格局，因此呈現複合體內行
爲單元與議題需求多元化。體系內競爭力量則有兩項，一是油井
探勘所產生的領海爭議，因爲海上生命線的戰略利益不同，對東
協國家與對日本的外交手段也有所不同；第二，美國在中亞及中
東地區的政治主導則牽制著中國參與該地區事務能力，因此在複
合體系裡同時並存合作、競爭與威脅[37]。

三、全球性石油外交對應體系版圖

　　石油安全複合體系的內聚力是由石油供需串聯起來。以石油
蘊藏量分析，中東仍然是全球資源超過六成的主要蘊藏地區，但
中東地區政治情勢動盪，爲全球地緣政治敏感區域，目前中國長
期依賴中東進口石油，供應的穩定性容易受到政治局勢影響，而
目前經由印度洋、麻六甲海峽進入南海的供油管道因此成爲戰略
咽喉。Kong Bo 指出，中國應該從發展自身遠洋運輸能力與思考
麻六甲海峽運輸備用方案著手，除了考慮泰國或緬甸舖設陸上油
管之外，必須採取鞏固與印尼等東協國家包括經貿、軍事與外交
的綜合作爲，構築長遠石油供應願景[38]。
　　中國構築石油來源全球化的動作，是在對中東需求之外，爲
複合體系增加其他支柱。除了傳統油氣蘊藏豐富國家包括委內瑞
拉、蘇丹、伊拉克、伊朗、秘魯的能源合作，強化在這些國家石

---

[37] Amy Myers Jaffe and Steven W. Lewis, "Beijing's Oil Diplomacy", Survival, vol.44, no.1 (Spring 2002), pp.115-134.

[38] Bo Kong, op. cit., pp14-18.

油勘探和開採投資外,中國也和澳大利亞、印尼簽訂大型液化天
然氣的長期供應協定;由近來中國領導人能源外交舉措分析,中
國能源「走出去」的策略已更爲靈活,尤其從資源蘊藏前景看好
的中亞與俄羅斯進口應該是中國分散油源重要策略取向[39]。中國
原有從俄羅斯安加爾斯克接管到大慶的計劃,因日本競爭與俄羅
斯本身意願問題而受到擱置,改從日本海海濱的納霍德卡出口。
中亞地區因爲地處內陸,現有的石油出口管道,主要是通過俄國
在黑海的油管與港口向歐洲出口,近年來各國積極推動中亞的石
油出口管道,使石油能通過土耳其或伊朗等國家出口,不受俄羅
斯的完全掌控。

　　Philip Andrews Speed 分析中國積極從事與俄羅斯、中亞的油
氣合作計畫,長期意圖是逐步形成以中國爲核心的歐亞能源陸
橋,其經濟與政治的長期展望便是結合國內西北與東北向東南部
輸送的主要油管計劃,同時強化國家整體能源基礎建設,以國家
本身的能源需求爲支持點,成爲俄羅斯與中亞面向太平洋的石油
輸出窗口[40]。徐小杰從地緣政治學觀點引伸中東、俄羅斯與中亞
所居世界島心臟地帶的石油資源與軍事戰略重要性,進一步闡述
歐亞能源陸橋的價值在於未來建構俄羅斯與中亞所構成的石油心
臟地帶(Petroleum Heartland),並向內需求新月地帶(Inner
Demand Crescent)——亞太地區輸出的格局,中國若能建立能源
陸橋、便能成爲石油心臟地帶由內陸面向亞太地區輸出原油的樞

---

[39] 于有慧,「胡溫體制下的石油外交與挑戰」,《中國大陸研究》(台
北),第 48 卷第 3 期,民國 94 年 9 月號,頁 46-49。

[40] Philip Andrews-Speed , Xuanli Liao and Roland Dannreuther , op.cit.,
pp.6-13 .

紐[41]。石油心臟地帶目前以俄羅斯的黑海管道為輸出主力，基於未來巨大的潛在蘊藏，美國、土耳其提倡的地中海管道與伊朗爭取的高加索－印度洋管道彼此引發地緣政治角力，徐小杰主張中國應該善用位居亞太陸地邊緣與中亞石油心臟地帶交會的地緣優勢，在此間政治動盪的局勢中主動提供第三個方向，構築中亞面向太平洋的歐亞能源陸橋。

四、美國：夥伴或威脅之辨

關於中國依賴中東到麻六甲海峽的現況與歐亞能源陸橋建設

---

[41] 地緣政治學在二十世紀有兩大學說、闡述國家以地理空間分佈為基礎的對外政治軍事經濟等諸般作為，第一是英國 Halford Mackinder 爵士於 1904 年提出的心臟地帶說（Heartland Theory），將東歐、俄羅斯、中亞、西亞地區視為歐亞大陸的地理樞紐，位居世界島（歐亞非洲大陸）的中心；德國、奧國、印度、中國為心臟外第一圈的內新月地帶（Inner Crescent），英國、南非、澳洲、日本、南北美洲為第二圈的外新月地帶（Outer Crescent），新月地帶國家稱霸世界的關鍵在於搶佔心臟地帶。第二是美國 Nicholas John Spykman 於 1942 年提出的陸地邊緣說（Rimland Theory），主張美國必須保持地球三大洋的海權優勢，控制世界島邊緣地帶不至於出現強權挑戰美國主導地位。徐小杰借用 Mackinder 學說解釋中亞地區富含油氣資源，是世界能源政治的心臟地帶，中國與其他依賴石油進口的內新月地帶國家稱為內需求新月地帶，建構歐亞能源陸橋可以確保中國在石油心臟地帶的利益，分散自中東地區（陸地邊緣地帶）進口石油需受美國主導政治格局的風險；詳見：Halford J. Mackinder, "On the Scope and Methods of Geography," in *Democratic Ideals and Reality* (New York: W. W. Norton Company, 1962), pp. 3- 41；Nicholas John Spykman , *America's Strategy in World Politics: The United States and the Balance of Power* (New York: Harcourt, Brace and Company, 1943), pp.2-6. 徐小杰，《新世紀的油氣地緣政治－中國面臨的機遇與挑戰》（北京：社會科學文獻出版社，1998 年 4 月），頁 26-41。

的選項，兩者之間究竟是互為取代或是雙管齊下的政策選擇，將是分析中國外向石油供應策略的核心議題。複合體內除了石油供需問題，行為國的區域安定需求也構成體系的共同利益。 美國對此的戰略思維以 Erica Strecker Downs 的著作為代表。Downs 認為，中國在俄羅斯／中亞地區油氣競爭所佔的優勢是利用軍事與經濟援助爭取該地產油國的緊密互賴關係，透過政治手段促成與伊朗一致的經濟優先立場，藉由中東地區對美國強力干涉的疑慮拓展能源外交空間，軍火輸出也是應用手段之一[42]。Thomas P.M. Barnett 認為，美軍在控制荷姆茲海峽-印度洋-麻六甲海峽通道上現階段因為俄羅斯海軍的退出而具有絕對的優勢，該海運路線樞紐地位的主導將確保美國亞太地區盟邦的經濟安全與對該區域的影響力；中國在緬甸架設雷達站並對南海發展遠洋軍力的行為可能將升高此間區域衝突的危險因素[43]。

中國對美國及亞太地區是否因為能源陸橋與海運航路的競爭而處於對抗關係，Ingolf Kiesow 則持合作優先於競爭的看法，他指出，美國在全球性的運輸航道上都具有軍事優勢，中國海上航道所經過的中東與東南亞地區傳統上與美國具有深厚的軍事結盟關係。而麻六甲海峽不僅是中國的石油進口樞紐，也是日本、韓國、台灣等亞太國家最主要的進口管道，因此麻六甲周邊國家的反恐計劃是合作大於對抗關係，中國與其他亞太國家的利益應該是一致的[44]。而中國與緬甸愈形緊密的軍事合作聯繫因為緬甸在東協不結盟的政策宣示下會受到一定的牽制，泰馬印等周邊國家並不樂見緬甸成為中國的前哨站，而中國海軍發展遠洋投射能力

---

[42] Erica Strecker Downs, op. cit., pp.22-35.

[43] Thomas P.M. Barnett, op. cit., pp.189-200.

[44] Ingolf Kiesow , op.cit., pp.13-19.

將升高與東協的緊張態勢，從而不利於緬甸在東協體系的整合。

查道炯指出，麻六甲海峽路線安全問題還包括了南海主權爭議，從中國擱置主權、共同開發的政策宣示到與南海周邊國家的油氣開發合作足以證明其實質利益所在[45]。Speed 認爲即使歐亞陸橋完成後也不代表中國可以擺脫對麻六甲的依賴，因爲中東仍是現今石油已探明儲量之冠，開採難度、生產及運輸成本仍然低於能源陸橋，陸橋的存在構成了中國完整的來源多元化佈局，避免中東政治局勢造成油價太大的波動，無法取代麻六甲海峽，所以兩者間不是互爲替代關係[46]。而體系內日本在爭奪領海與俄羅斯油氣出口方面，美國在運輸線與中東問題上，勢必都對中國產生牽制力量，海路運輸既然仍爲未來中國石油進口之主流，美國軍力的壓倒性優勢將形同扼住中國戰略咽喉。

五、石油公司的輔助性角色

至於體系內其他行爲單元，例如石油公司則因國家股權的高度集中，其投資行爲應該視爲國家建構複合體的意志延伸，除了對外投資，吸引資金技術流入也是複合體的內聚動力。中國國務院國家計委宏觀經濟研究院在 1999 年版「中國中長期能源戰略」中，提出了國內生產與開發海外市場並重的策略，該報告指出當前產油國因爲經濟全球化的進展而多採取對外開放的靈活策略，中國政府應該利用戰略夥伴關係的建立爭取與世界石油市場的結

[45] Zha DaoJiong（查道炯）, "China's Energy Security and Its International Implication ", *The China and Eurasia Forum Quarterly* , vol.3, no.3 (November 2005) , pp.39-54.

[46] Philip Andrews-Speed, Xuanli Liao and Roland Dannreuther, op. cit., pp.11-14.

合，石化集團公司經歷合併與重整的階段後，已大幅提升原有的資金規模，更應積極參加各國油田鑽探權的競標[47]。

集團公司處於壟斷國內原油與石化製品的生產地位，在吸引國外資金及技術投入時已經是外商接觸的唯一管道，Mehmet ÖGÜTÇÜ 認為，中國的石油公司積極吸引產油國合資建立專用煉油廠，塑造與輸出國的相互依賴關係，透過煉油基地的建立同時推動石油戰略儲備的制度。尤其中國的國內油田在 1980 年代的生產高峰期之後已經呈現緩步下降的趨勢，生產主力的大慶與勝利油田後續油脈深度太深，含沙量提高、塔里木與準噶爾油田的氣候與環境惡劣，距離東部消費市場太遠、東海油田岩床結構複雜，高技術難度使得中國在國內探勘權的競標上必須開放外商進入[48]。

第四節　石油安全觀點下的地緣政治策略

在後冷戰時代，已不復見全球性的大規模軍事衝突，各國也逐步調整以擴張軍備為中心思想的傳統安全觀，已往冷戰時期被軍事對峙所掩蓋的全球性議題，例如環境保護、經濟發展、種族衝突與恐怖主義等又重新獲得主要國家的重視，國家安全與利益的界定因而進一步地延伸。現今除了軍事力量競爭外，結合經濟、教育、科技、社會安定等領域的綜合國力正逐漸形成衡量一個國

---

[47] 宋武成，關於油氣資源供應前景的初步分析，收錄於國家計委宏觀經濟研究院編著，《中國中長期能源戰略》（北京：中國計劃出版社，1999 年 1 月），頁 352-365。

[48] Mehmet ÖGÜTÇÜ, "China's Energy Future and Global Implications", op.cit., pp.110-115.

家國際地位與國力發展的的優先指標[49]。經濟的穩定成長固然需要社會安定、振興教育與科技發展、縮減貧富差距等配套措施，而提升綜合國力更是需要經濟發展為支持動力，中國自從 1989 年天安門事件之後，對內緊縮政治民主化，維持經濟穩定以鞏固統治正當性更是執政當局首要之務。中國領導人因應國際政治經濟格局的變化，綜合國力持續發展的目標應該是在深化國際合作格局的基礎上，促成共同的安全利益、相互信任機制與經濟交流，透過地區安全合作培養穩定的國際關係與和平解決國際爭端[50]。

　　經濟發展既然為綜合國力之核心價值，經濟安全的確保便成為國家安全利益的優先選項。經濟安全以往在國際關係理論中被視為低階政治，作為意指軍事安全之高階政治的對照研究，其內涵在於促進經濟持續發展、建立公平與自由之貿易機制、開拓自然資源以健全市場供需[51]。全球市場發展對石油具有高度依賴性，雖然國際經濟秩序的建立確認了商品生產與銷售的自由化，但是石油供給受制於自然環境與產區集中的侷限，從而抵銷了生產能力的過剩與買方市場思維，石油進口國對於產油國的資源依賴問題增加了發展綜合國力時的脆弱性。經濟安全、特別是石油安全的維繫關乎國家軍事動員能力等等的高階政治議題，從而決定了綜合國力的興盛與否，因此檢視中國的石油安全問題，從區域合作面向觀察中國在國際事務上的全盤經濟、軍事與政治作

---

[49] Theodore H .Moran , " International Economics and National Security ", *Foreign Affairs* , vol.69, no.5 (Winter 1990/91) , p76.

[50] 趙崇明，「中共當前國際戰略指導原則之探討－新安全觀決策的環境因素」，《共黨問題研究》（台北），第 25 卷第 9 期（1999 年 9 月），頁 5。

[51] Russell Ong , *China's Security Interests in the Post-Cold War Era* （London: Curzon , December 2002）, pp. 22-27.

為，本研究探討國際關係如何作為確保中國自身石油供給穩定與經濟發展的因素，反過來說，以石油外交為核心的經濟安全思維也因此形塑了中國國際環境的格局。

一、區域間石油貿易格局

本研究建構中國為核心的石油安全複合體系，作為對中國石油供給安全與對外政策之結合，並提供中國國際政治經濟格局另一種觀察角度。此一安全複合體系的建構係從中國和產油國家間建立區域性關係及潛在牽制力量，觀察安全複合體系內單元體的互動，並就能源政策與外交關係之交互作用，評估複合體系穩定度與未來方向。中國國內的石油蘊藏量與產量均不足以因應今後經濟成長的消耗，因此向外尋求油源開發與進口已經是石油安全的核心目標。中國建構石油安全體系的優先順序，可以從中國進口石油的區域分佈與相對應地緣佈局的角度作觀察，如圖 1.9 區域石油貿易流向結構所示。

圖 1.9 指出，中國石油進口結構按區域分佈分為中東（反白區域，6740 萬噸／年）、非洲（2860 萬噸／年）、東南亞（3030 萬噸／年）、俄羅斯與中亞地區（1960 萬噸／年）。其中自東南亞地區進口量高於非洲地區，與本章第一節資料順位排列不同，差異在於馬來西亞與新加坡並為亞太地區石油提煉與轉運中心，東南亞自中東與非洲地區 4.073 億公噸年進口量尚包括提煉轉出口量，流向圖將轉運與直接出口量並列，放大了東南亞地區對中國的輸出量，同時也說明了東南亞在中國石油供應版圖裡轉運中心的重要地位。依據上述石油貿易流向圖，本書建構中國石油安全體系時引用地緣政治學的觀點，列出中國進口石油的四大區域：中亞、俄羅斯、東南亞、中東地區為石油安全體系的四大端點；

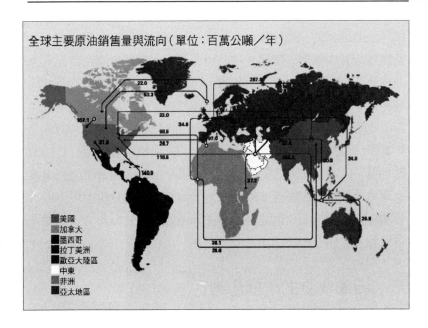

全球主要原油銷售量與流向（單位：百萬公噸／年）

圖 1.9　2005 年世界原油市場貿易量與流向圖

中亞－俄羅斯為石油陸路通道，東南亞－中東）為石油海路通道，美國與日本並列在體系的兩端，代表美國在中亞與中東地區、日本在俄羅斯與東南亞地區各項外交作為對中國發展四大端點地區的競爭態勢，並對中國的石油安全形成牽制關係。

　　本書探討中國石油安全體系時以區域作為劃分依據，從中國對四大端點地區的油氣供輸計劃的發展前景談起，擴及區域層次敘述中國在此間的外交作為所牽涉的地緣戰略佈局，在區域格局下檢視中國對個別國家關係經營穩固性、並且觀察美國及日本勢力的競爭強度。石油安全體系的穩定性受到個別國家政經情勢與區域間地緣因素的走向牽引，也與外在競爭勢力相互拉扯，藉由探討上述因素的諸般轉變研判中國石油安全體系的存續能力，並且做爲統整中國對外關係作爲的研究面向。雖然中國在非洲與美洲地區石油探勘的計劃頗有斬獲，但因中國在美洲地區的石油開發多爲承接原有聯資案，受限於標購油田原有合約規定與運輸時間成本考量，原油輸出與煉製仍以出口歐美地區爲大宗，2006 全年實際回銷至中國僅有 9748 萬桶[52]，只夠中國（當年每日原油消耗均量 744 萬桶）使用 13 天；非洲地區原油的運輸管道則與中東－東南亞地區進口路徑相同，在地緣政治的風險分析上可以併入石油海路通道探討；因此非洲與美洲地區不另列爲石油安全體系單元體。

二、石油安全的地緣思考

從地緣格局來看，中國位居歐亞大陸與太平洋交界，西部深入亞洲腹地、東南面向太平洋的位置有利於經營中亞及亞太地區的雙重優勢，也因此石油進口佈局的開展也可以從陸路與海路來分析。石油安全體系的陸路面向可以英國 Mackinder 爵士提出的心臟地帶說來說明，如果將歐亞非大陸視爲佔全球陸地面積 70% 的世界島，從東歐向東延伸到中亞的區域即爲世界島的心臟地帶（Heartland），此一區域從外高加索、裏海、中亞到西伯利亞豐富

---

[52] 中國在美洲地區的石油開發量數據包括美國、加拿大、墨西哥、拉丁美洲 2006 年對中國輸出原油總和，其中美國 293.2 萬桶、拉丁美洲 9455 萬桶，詳見：British Petroleum Company, op. cit., p.17；舒先林、李代福，「中國石油安全與企業跨國經營」，《世界經濟與政治論壇》（南京），2004 年第 5 期（2004 年 10 月），頁 73-78。

的石油資源蘊藏堪稱是世界島的石油心臟地帶[53]。歐陸、北非、
南亞、中國為環繞心臟區的第一圈內環新月地帶（Marginal
Crescent），更向外的英國、非洲、澳紐、日本、美洲為第二圈外
環新月地帶（Insular Crescent），新月地帶國家不論是角逐石油資
源或是世界性霸權，都必須先搶佔心臟地帶以掌握地緣優勢[54]。
中國透過中俄戰略伙伴協作關係與上海合作組織建立區域合作機
制與對話管道，其中能源合作面向的佈局在於積極建設與俄羅
斯、哈薩克、土庫曼的石油天然氣供輸系統，鞏固油氣資源的陸
上通道。在區域組織架構下推展的多邊關係形成與能源合作相輔
相成的效果，舉凡軍事交流面向的武器銷售、聯合反恐軍事演習、
信心建立措施與經貿往來面向的貨幣自由兌換、關稅優惠談判、
興建跨國鐵公路等措施，目的均在於強化與陸上油氣輸出國的各
項外交關係，獲取能源供應、北方省份經濟發展與邊境情勢穩定
的多重戰略利益[55]。

　　至於以中國為核心的石油安全複合體系，其地緣利益則是三

[53] Mackinder 從 1902 年以來所主張的心臟地帶論，強調了歐亞大陸
中心區域對世界局勢的關鍵地位，英國應該支持在德國與俄國之
間、建立從黑海到波羅的海一系列的緩衝國家，因為東歐局勢的控
制權攸關心臟地帶的主導權所屬。後來他對於裏海與高加地區的石
油資源重要性在其身後出版的著作中也加以強調，並加進原有心臟
地帶理論，詳見：Halford J. Mackinder, " On the Scope and Methods of
Geography," in *Democratic Ideals and Reality* (New York: W. W. Norton
& Company,1962), pp. 213-217.

[54] 徐小杰，《新世紀的油氣地緣政治－中國面臨的機遇與挑戰》（北
京：社會科學文獻出版社，1998 年 4 月），頁 34-40。

[55] Stephen Blank, "China, Kazakh Energy, and Russia: An Unlikely
Ménage a Trios", *The China and Eurasia Forum Quarterly*, vol.3, no. 3
(November 2005) , pp.99-109.

層同心圓的格局；第一環是黃海、東海、南海所構成的「環中國海」區域，主要戰略目標在於所蘊藏的海洋資源與海上運輸通道安全；第二環是俄羅斯中亞、印度次大陸、東南亞國家構成的「陸地周邊」區域，戰略目標為維持邊境安定，建立石油進口多元化佈局；第三環是「全球佈局」區域，是環繞歐亞大陸周邊的美國、中國、俄羅斯、日本、歐盟等多極強權，戰略目標為維持多極均勢，爭取全球性多邊結盟，避免美國擴張對石油心臟地帶控制能力之後對中國可能形成的圍堵[56]。因此中國石油安全複合體系的海路與陸路面向置於同心圓格局下，便可得出兩個面向的互賴關係，中國現今石油安全的重心在於海路運輸，領海安全主導權攸關進口原油供應穩定性，陸路能源陸橋除了分散海路風險，代表中國站穩亞太地區強權地位後，向大陸島心臟地帶尋求潛在油氣資源與生存空間的戰略選項，其後將資源開發腳步邁向中東非洲拉丁美洲等區域，開展全球性能源外交。

中國石油安全體系的陸路通道，長期展望是接通石油心臟地帶通往亞太地區的歐亞能源陸橋，分散依賴中東與非洲原油進口的區域情勢及海路通道雙重風險，並以國內需求為支撐點，成為俄羅斯-中亞地區面向太平洋的石油輸出窗口。日本是此項戰略規劃的外在競爭者，因為中國一旦成為石油心臟地帶的轉運樞紐，將意味著日本必須隔著中國遙望石油心臟地帶的豐富蘊藏前景，無法自行掌控石油進口管道。日方的對應策略為爭取俄羅斯建設從安爾加斯克油田直接通往濱日本海的納霍德卡港，除了日本充沛的資金優勢外，俄羅斯維持中日俄三角平衡與不願中國完全壟斷中亞油氣轉運的利益考量，都牽制了

---

[56] 同心圓格局與區域用語引自：黃生榮主編，《金黃與蔚藍的支點：中國地緣戰略論》（北京：國防大學出版社，2001 年 1 月），頁 298-305。

中國能源陸橋的構想[57]；因此現今的中俄油氣合作呈現三方角力之下的折衷局面：同時修築安爾加斯克通往大慶及納霍德卡路線。

三、海上航線控制權

　　中國石油安全體系的海路面向定義為海上進口原油航道的控制權，包含非洲、中東、東南亞在內，中國進口原油量的64％係由印度洋、麻六甲海峽、南中國海進入中國東部沿海的的海上航道運輸，也因此南方航線被稱為中國能源的海上生命線。除了非洲、中東國家個別政經情勢事件影響外，南方航線的運輸順暢與否已經是整體石油安全體系的成敗關鍵。中國掌控南方航道的能力與應變作為突顯了另一種地緣政治學觀點的重要性，亦即美國學者Spykman提出的陸地邊緣說；從心臟地帶概念延伸，Spykman認為外環新月國家欲維持世界性地緣優勢，不需要將力量集中在角逐世界島心臟地帶控制權，而是應該掌握世界島與三大洋接壤地帶的海上航路主導權，以征服或殖民一些海岸緩衝國家，支持陸上強權的權力平衡[58]。從北大西洋、地中海、紅海、安達曼海、

---

[57] Robert L. Larsson , *Russia's Energy Policy :Security Dimensions and Russia's Reliability as an Energy Supplier* (Stockholm : FOI / Swedish Defense Research Agency, March 2006) , pp.142-144.

[58] Spykman 將美國定義為位於離岸大陸與島嶼（Offshore Continents ，亦即 Mackinder 定義的外環新月地帶）區域的海島國家，其地緣利益在於確保海洋航路的主控權，藉由主導邊緣地帶（Rimland，亦即 Mackinder 定義的內環新月地帶）的緩衝國家結盟，建立對世界島的政治軍事優勢，維持歐亞大陸的陸上強權權力平衡，以達成掌握心臟地帶之目的。他的觀點啟發了後來 George Frost Kennan 等人主張的圍堵蘇聯政策與北大西洋公約組織、中部公約組織、東南亞公約組織、美澳紐三國安全條約、美日安保條約、美韓

南中國海、東海到日本海，美國以軍事同盟關係將眾多半島與島鏈地區置於海軍力量控制下，以海洋航路爲跳板，積極參予歐亞大陸上國際體系運作。美國於二次世界大戰後成爲世界超強，冷戰期間執行對蘇聯集團國家的圍堵策略時，就奉行陸地邊緣說的觀點，從中東到亞太地區都維持強大的海軍力量，以支持民主陣營盟國經濟發展與國防建設的安全需求[59]。也因此中國控制南方航道的意圖受到兩項限制；首先是面對美國的海軍優勢部署，中國欲建立與印度洋及亞太地區國家的軍事合作，勢必將受到美國牽制。其次是航線經過的東南亞國協與日本等國家與美軍皆有長期的軍事合作默契，解放軍巡弋南方航道的作爲容易引起區域局勢緊張，侷限出兵干預南方航道安全的能力。

四、領海主權角力

中國鄰近海域的主權紛爭不但爲海上航道的安全利益投下變數，同樣也牽涉到中國向歐亞大陸邊緣發展、進軍海洋的長遠前景；尤其南海與東海同時兼有豐富油氣資源與戰略咽喉地位，形成中國石油安全佈局的關注重點。南海周邊國家皆根據 1982 年通過的聯合國海洋法公約，以各自佔領的島嶼向外 12 海浬爲領海範圍、200 海浬爲經濟海域，但在南海星羅棋布的島嶼群中，各國領海高度重疊，加上地層油氣資源爭奪，經常成爲領海糾紛的潛

安保條約、美中共同防禦條約等措施，又被稱為圍堵政策之父。詳見：Nicholas John Spykman, "Geography and Foreign Policy I, " *The American Political Science Review*, vol.32, no.1 (February 1938)；*America's Strategy in World Politics: The United States and the Balance of Power* (New York: Harcourt , Brace and Company, 1942), pp.40-45.

[59] Thomas P.M. Barnett, op. cit., p.194.

在成因；例如 1988 年中國與越南爆發「赤瓜礁」（Johnson Reef）海戰、1995 年中國大陸也與菲律賓發生「美濟礁」（Mischief Reef）爭議。基於兼顧維護領海主權與促進區域穩定的雙重利益，中國於 2000 年與鄰國越南簽署了第一個領海劃分協定「北部灣劃界協定」，與東盟則在 2002 年 11 月簽署了「南海各方行為宣言」，表明了以和平合作的方式處理南海爭議的立場，顯現中國外交決策的靈活手腕[60]。雖然東盟各國希望與中國就領海劃分問題達成法律協議，但是中國現階段僅以政治宣言宣示其立場，主要原因還在於中國相較於南海周邊國家具有較強的軍事實力，不願意受協議規範喪失處置南海問題的主導權，但是又必須在航道安全維護上取得周邊國家的認同與支持，因此以「擱置主權、共同開發」的折衷主張處理南海問題，希望為參與麻六甲海峽與東協事務奠定互信基礎。

　　東海毗鄰中國經濟發達的華東地區，沿岸設有國家級三大石油戰略儲備基地（浙江鎮海、山東黃島、遼寧大連）與兩個石化煉製園區（浙江寧波、河北秦皇島），並經由南方航道的油輪運輸供應整個中國東半部的石油需求，由此可以看出東海對中國石油安全體系的重要性。東海海域近年來發現以西湖凹陷地層帶為主的春曉、平湖、天外天等天然氣田，雖然日本也以琉球群島與釣魚台群島（尖閣列島）為基點運用海洋資源船進行探勘，但中國在東海油氣田區仍然著手鑽探並架設油井設備，無視於日本多次提出的外交抗議。中國於此間佈局著眼於積極鋪設海底管線聯通浙江，直接取得便捷的天然氣來源，並不惜以軍艦巡弋、軍事演

[60] Carolyn W. Pumphrey, *The Rise of China in Asia: Security Implications* (Washington , D.C.: Strategic Studies Institute, 2002) pp. 254-257.

習與拒絕領海劃界談判的強硬姿態震懾有意開發的日本[61]。與南海問題處理模式不同的原因在於,西湖凹陷位置明確座落於中國的經濟海域與大陸棚架延伸帶,引用海洋法公約站得住腳,以海軍力量獨佔東海油田開發利益沒有與鄰近國家海域糾紛的顧忌。更重要的是,東海航道同時也是日本從中東進口原油的必經管道,中日兩國在東海引發的天然氣開採爭議,其實牽涉到了兩國控制東海航道的安全利益[62]。

日本希望維持東海航道中日勢力的平衡,牽制中國向太平洋地區的擴張,避免南方島鏈陷於中國的威脅之下[63];就中國而言,維持東海海域的海軍力量,不但鞏固了華東地區石油進口的運輸安全,而且掌握了日本南方石油運輸的動態,在東亞的戰略佈局上取得有利的制高點[64]。因此從中國對領海爭議處置模式的不同,可以看出石油安全佈局對其外交決策的影響。對外石油安全格局的建構決定了領海談判或海域執法合作等外交事務的走向,從區域組織的參與到軍事力量的運用等對外關係作為,其實都與石油運輸管道的多元化與穩定運作息息相關。

---

[61] Arthur S. Ding, "China's Energy Security Demands and the East China Sea: A Growing Likelihood of Conflict in East Asia", *The China and Eurasia Forum Quarterly*, vol.3, no.3 (November 2005), pp.35-38.

[62] Thomas M. Kane and Lawrence W. Serewicz , " China's Hunger: The Consequences of a Rising Demand for Food and Energy", *Parameters-US Army War College Quarterly*, vol.31, no.3 (Autumn 2001), p.65 .

[63] 伍凡,「析中共漢級核潛艇進入日本領海在中日關係中的作用」,《北京之春》(紐約),第 140 期(2005 年 1 月),頁 83-84。

[64] Mamdouh G. Salameh, op. cit., p.1086.

五、對應國內管線工程

綜合上述海路與陸路石油開發運輸管道的地緣分析，僅以安全複合體的概念來說明中國石油安全體系的結構與發展方向如后。中國石油進口之結構存有向歐亞大陸石油心臟地帶與領海航道並進的格局，規劃石油進口除了考慮原有國內既有管線的延續利用外，利用區域組織管道發展與鄰國多面向關係，進而鞏固能源合作才是中國長遠的石油安全利益所在。因此在確保領海和平開發與國境安定前提下，中國於石油複合安全體系中作為係以配合現有石油管道系統、建構進口石油供需格局，複合體系之海路與陸路方向如圖 1.10 所示。

從圖 1.9 來看，中國與複合體系內四大端點區域的石油供需關係，進口方面還考慮到沿海油氣層開發後管路鋪設到進口港的共用效益及陸地油氣田既有管線再利用，後續管線建設重點即為國內管線與進口原油裝卸之整合。以中國重要油氣產區為例，現有管線（實線部分）就近供應大城市，從北到南已有松遼平原的大慶到齊齊哈爾、長春、瀋陽；渤海灣盆地的大港到天津、北京、開封，從薩哈林與東西伯利亞的計畫管線（虛線部分）即將兩大產區串聯起來以節省建築成本；從中亞引進的計畫管線則連結了準噶爾盆地、塔里木盆地、鄂爾多斯高原。沿海天然氣接收站的香港、預計興建的福州港除了接收海外進口之外，另外還要為沿海的珠三角、瓊東南、鶯歌海地盆開發做好先期建設，便於屆時天然氣田達到商業開採成本時得以就近輸入，同時藉由沿東南海岸鋪設的陸地管線供應福建與廣東等各大城市，華中地區上海與寧波的接收站也同樣著眼於東海地盆的後續開發效益。

出口方面產油國則藉由石油銷售換取資金，增進經濟發展的

資料來源：Claude Mandil ed., *World Energy Outlook 2004* , p.246.

圖 1.10　中國石油天然氣管線網與進口方向示意圖

效益，也同樣地構成產油國的安全需求。中國與周邊國家從石油供需合作出發，在疆域劃分、軍事交流、經貿往來等議題上進行國家間的互動，體系內的權力分配則取決於該區域地緣政治格局的引導，藉由各國對威脅、恐懼、和平、繁榮的安全認知，形塑複合體系的善意與敵意關係[65]。亦即安全複合體系裡合作與衝突面向並存，以國家為主的單元體可能將其他單元體視為潛在的威脅對象，因此透過區域組織管道降低威脅、增進合作利益，成為

---

[65] Barry Buzan, People, States, and Fears: An Agenda for International Studies in the Post-War Era, pp.17-23.

維繫複合體系的凝聚力[66]。例如上海合作組織的成立宗旨在於對
中國、俄羅斯、中亞地區國家間邊界事務的協調作用，以及中國
參與東協對話協商解決海域主權問題；因此建構石油複合安全體
系之所以在中國對外關係作為上產生影響，便是因為中國運用外
交作為鞏固石油安全，面對體系內成員國石油利益競爭與合作關
係，以外交手段協助促成安全複合體系的正常運作。因此本論文
除了說明中國與體系四大端點區域的石油產銷聯合關係之外，必
須分析美國與日本的外在競爭力量；因為美國與日本從石油利益
出發，進行此一體系內的地緣勢力角逐，同時也牽動了端點國家
之間的權力分配關係。伴隨體系內各項競爭關係而來可能升高的
衝突與對石油安全的威脅，則促進了成員國共同的安全認知。

六、結　語

具體說來，美國與日本競爭產油國石油與地緣利益的動作固
然牽制了中國在體系內的主導力量，但是也提供了產油國出口管
道多元化的選擇利益，使得石油安全複合體系逐漸呈現不偏向
中、美、日任何一方所獨占的權力平衡，對於體系的穩定性反而
是一種助益。美國在伊拉克與阿富汗建立親美的政權，遏制中東
與中亞地區的對外通道，並且在阿拉伯半島與南亞大陸操縱以阿
雙方及印巴兩國的權力平衡；而日本介入中俄油氣管線計畫、又
在東海問題上與中方發生爭執；兩國固然都牽制了中國石油安全
複合體系的海路與陸路佈局，卻也提供了中國在各區域運作的空
間。例如哈薩克有鑒於美國對裏海石油輸出的主導意圖，反而與

---

[66]　Barry Buzan, Security: A New Framework for Analysis, pp.16-22.

中國繼續推展石油合作計劃以維持中美在中亞勢力的平衡[67]，美國在中東孤立伊朗的策略，則促成中伊雙方在石油與軍火貿易的密切往來，俄羅斯在遠東地區也同時與中日兩國達成出口協議。中國位居此複合體系的中心位置，雖然主導體系的力量被競爭對手削弱，但是提供產油國避免出口被完全壟斷的利益選項，並且在促進區域局勢穩定上建立對話管道，都有助於型塑體系內國家的共同安全認知，因此體系內的競爭勢力反而促成各國安全互賴關係的平衡。

---

[67] Barry Rubin, "China's Middle East Strategy", *Middle East Review of International Affairs,* vol.3, no.1 (March 1999), pp.48-50.

第二章

石油進口航線
與沿海油田開發問題

　　本章將討論中國建構石油安全複合體系的海上航道面向，中國現階段從海路進口石油的兩大癥結點是運輸航道的安全性與領海主權爭議，麻六甲海峽與南海係屬中國與東協國家的利益交集，而東海牽涉到中國與日本的領海劃分及油氣開發問題；以下將就海路面向分三個小節來探討中國為處理海路運輸風險與領海爭議，如何藉由對東協及日本所進行的外交互動鞏固石油安全佈局。

第一節　麻六甲海峽地緣格局

　　中國至 2006 年底共有 50.51%的石油仰賴進口，其中又有 62%的比重來自於非洲與中東地區，也因此從麻六甲海峽轉南海進入華東地區的海上航道，已經成為中國石油進口所必須確保的安全利益所在。麻六甲海峽與南海所處的位置介於印度洋與太平洋中間，亞洲大陸以中南半島向東南延伸，隔著航道正對印尼島鏈與澳洲大陸，作為兩大海洋與兩大陸之間的海路要衝，自古以來就是兵家必爭的地緣樞紐。現階段此一海上航道脆弱之處在於麻六甲海峽的航道狹窄、海盜出沒頻繁、深度太淺、能見度容易受森林火災影響，而南海島嶼星羅棋布又蘊藏豐富油氣資源，周邊各國的領海爭議容易引發區域性戰爭[1]，這些因素都是石油運輸中斷的潛在威脅。麻六甲海峽的海盜犯罪猖獗，與該地位於馬來西亞、新加坡、印尼三國交界，海域執法難以協調一致有極大的關聯。自 911 事件後，世界各國更加重視海上航線的運輸安全課題，

---

[1] Mark Bruyneel ed., *Piracy and Armed Robbery Against Ships: IMB Annual Report, January 1 - December 31, 2006*, (London: ICC International Maritime Bureau, January 2007), p.27.

原有海盜劫掠商船的犯罪行為只是謀取財物利益，一旦轉化為恐怖組織針對油輪有計畫的破壞攻擊，包括中國、日本、韓國、台灣等東亞經濟體的石油進口將立即面臨威脅[2]，該海域水深最淺處僅有 25 米，只要鑿沉船隻就能對航道進行封鎖，亞太地區包括石油在內的物資海路運輸即宣告中斷，因此麻六甲海峽被視為中國的能源咽喉其來有自。

一、以海盜事件處置為切入點

全球 2002 至 2006 年總計 1659 件海盜攻擊罪案中的 664 件、也就是 40%是在東南亞發生，其中印尼最嚴重，總計發生 447 件，海盜攻擊事件從 2001 年起頻率開始增加，集中在印尼北蘇門答臘（Sumatra Utara）與亞齊省（Nanggroe Aceh Darussalam）一帶，後來同類型活動逐漸南移到巴拉望（Belawan）與棉蘭（Metan）；麻六甲海峽則為東南亞發生頻率第二高之地點，同時期發生 105 起海盜攻擊事件[3]。麻六甲海峽沿岸三國-馬來西亞、印尼、新加坡最早於 1971 年 11 月簽署麻六甲海峽公約，確立沿岸國家共同維護海峽通道安全義務、承認相關大國在該區域擁有利益、一切行動必須尊重沿岸國家主權等三原則，宣示三國共管、反對海峽

---

[2] Shibley Telhami, "The Persian Gulf: Understanding the American Oil Strategy", *Brookings Review*, vol.20, no.2 (Spring 2002), pp.32-36.

[3] 根據 IMB（國際海事局）統計資料之定義，海盜行為分為實際攻擊（Actual Attacks）與意圖攻擊（Attempt Attacks）兩種。前者包括登船搶劫與一般搶劫，後者包括遠距槍擊與企圖登船，本文引用數據為海盜行為全般數據，東南亞地區海盜行為大致說來有三分之二為登船搶劫。詳見：Mark Bruyneel ed., *Piracy and Armed Robbery Against Ships: IMB Annual Report, January 1 - December 31, 2006*, pp.5-7.

事務國際化之精神[4]。星馬印三國在國際組織協助下，於 2004 年推出「麻六甲海峽聯合巡邏合作」架構，三國共派出 15 艘到 20 艘軍艦，全年全天候在麻六甲海峽巡邏打擊海盜；但原有合作架構成效不彰，馬印兩國之間蘇拉威西海域油田的爭執就多次觸發雙方海軍對峙情勢[5]。而領海責任地境線劃分不清楚，海軍在追逐疑似海盜過程中，對進入其它國家水域的顧慮使罪犯易於藏匿。麻六甲海峽受到印尼海域海盜出沒影響，案件發生率一直居高不下，尤其印尼所屬南側水道海盜犯罪發生率遠高於馬來西亞（41件）及新加坡（27 件）所屬的北側水道，原因在於印尼海軍資源缺乏，無力管束蘇拉威西島與蘇門答臘島為基地出沒的海盜集團，甚至有包庇海盜行為的嫌疑[6]。

　　新加坡憂心海盜集團與印尼回教激進份子結合，進而影響星國經濟支柱、也是東南亞最大的煉油基地之運作，主張與向來維持良好關係的美國進行軍事合作[7]。美國為確保海洋航道地緣優勢，以提倡海事合作安全機制名義積極介入海峽事務，2004 年 6月間國防部長倫斯斐在新加坡舉行的安全論壇中提議美國派遣軍艦巡弋麻六甲海峽，並部署海軍陸戰隊和特種部隊協助東南亞國家反恐行動；2005 年 4 月，美軍太平洋艦隊司令在國會透露了「海事安全計畫」的反恐方案，要在麻六甲駐軍防止恐怖分子襲擊，

---

[4] David Rosenberg, "The Rise of China: implications for Security Flashpoints and Resource Politics in the South China Sea, "in Carolyn W. Pumphrey ed., *The Rise of China in Asia: Security Implications*, p.247.

[5] 張潔，「中國能源安全中的麻六甲因素」,《國際政治研究》（北京），2005 年第 3 期（2005 年 9 月），頁 21。

[6] Mark Bruyneel (ed.), op. cit., pp.17-19.

[7] 中央社 93 年 10 月 7 日新加坡電，轉引自網址：www.cdn.com.tw/daily/2004/10/07/text/931007h9.htm。

打擊武器擴散和毒品走私、海盜等犯罪行為[8]。美國的提議獲得新加坡支持，但是馬來西亞與印尼憂心美國勢力操縱海峽通道而表示反對，最終星馬印三國與泰國的軍事首長在吉隆坡達成協議，同意在麻六甲海峽執行由馬來西亞所提議的共同空中巡邏任務、成立海事安全專家技術小組，強化海上巡邏，以遏止海盜並加強航道安全[9]，所以星馬印三國目前僅達成接受美國等國家提供裝備與人員訓練的共識，以維持海峽公約的中立精神。

美國欲介入海峽事務意圖在此戰略要道長期駐軍，同時監控印度洋的印度海軍及太平洋的亞太國家海軍，發揮抑制周邊國家掌控海路運輸優勢的槓桿作用；有別於美國的積極駐軍，依賴麻六甲海峽運輸原油的日本與中國則是以推展海事合作計畫，作為爭取星馬印三國支持的迂迴方式。由於之前發生多起日籍貨船在印尼海域遭海盜洗劫事件，日本於 2000 年 4 月在東京召開「海盜對策國際會議」，以區域論壇與資金贊助形式開啟和東協國家、印度取締海盜犯罪的合作；日方由海上保安廳負責主導海事合作訓練，派遣巡邏艇及特種部隊支援東協國家及印度警戒勤務，舉辦反恐戰鬥訓練課程[10]。2004 年 6 月 17、18 日東京又主辦「亞洲海上保安機構長官級集會」，共有日本、中國、韓國、東協 10 國

---

[8] 詳見：「麻六甲海峽能開放介入嗎？」專題，《中國時報》，民國 94 年 8 月 4 日，版 A13。

[9] AP, "Air patrol formed to stop piracy in the Malacca Strait", *Taipei Times*, Aug 03, 2005, p. 5.

[10] 其中日本最重視「搭船體驗研修」，協同東協軍警單位於海上保安廳的巡邏艇上集中訓練，以建立在各國海上警察的人脈和情報網；並在「911 事件」後的每年例行聯合訓練或演習加入反恐主題，協助東協國家培養人員。詳見：高航，「日本企圖通過情報交換中心監控馬六甲海峽」，《中國國防報》（北京），2005 年 11 月 15 日，版 6。

及印度、斯里蘭卡、孟加拉等 16 個國家與香港地區代表、相關國際海事組織派員出席，日本儼然以指揮麻六甲海峽海洋安全保障的龍頭自居[11]。

二、中國方面對應政策

為確保海上石油運輸通道安全，中國採取外交與軍事兩項途徑加強與東協及航道周邊國家的海事合作。在外交方面，中國在南海主權爭議上一直積極與東協進行油氣開發與航道安全等議題之協調，其影響將於本章第二節再敘。麻六甲問題自 2003 年 10 月中國加入「東南亞友好合作條約」之後，取得海峽事務對話管道，並適用 1971 年海峽公約利益相關國身分展開對星馬印三國海事協商[12]。中國在 2004 年提出「中國-東協海事當局磋商機制」構想，具體成果有：國家主席胡錦濤於 2005 年 4 月出訪印尼時簽署雙邊軍事合作協議，協助印尼訓練麻六甲海峽與蘇拉威西海域海軍執勤；同年 11 月國務院總理溫家寶訪問新加坡，就海峽反恐安全維護問題交換意見；同年 12 月與馬來西亞簽署雙邊國防合作諒

---

[11] 日本首相小淵惠三曾於 1999 年 11 月在馬尼拉召開的日本、東協國家元首會議上，提議在東京舉行因應海盜的國際會議，獲得印尼總統瓦西德和新加坡總理吳作棟的贊同，合作計畫並於日方資金到位後，於 2004 年的東京海盜對策會議上獲得具體的討論，相關機構計有：聯合國國際海事組織（International Maritime Organization，IMO）、國際商業會議所國際海事局（I.C.C. International Maritime Bureau，IMB）海盜資訊中心列席。資料來源取材自：竹田いさみ，〈日本が主導する「海洋安全保障」の新秩序〉，『中央公論』，2004 年 10 月號，頁 71-73。

[12] 張潔，「中國能源安全中的麻六甲因素」，頁 24-25。

解備忘錄，建立反恐情報交換管道[13]。中國除了是國際海事組織（IMO）會員國、並與 51 個國家簽署雙邊運輸協定之外，並參加亞太經濟合作會議運輸工作小組（APEC Transportation Working Group）協調運輸管理事宜，展現對航道安全維護的一貫重視[14]。

　　軍事途徑則是將海軍力量從海南島向南延伸，從南海經麻六甲海峽向印度洋部署海軍據點，與美國海軍在菲律賓蘇比克灣、越南金蘭灣、泰國泰國灣、新加坡樟宜港基地的巡弋範圍重疊。中國自南海由東向西與周邊國家的軍事合作與佈署計有：(一)擴建西沙（Paracel Islands）永興島機場跑道、修築南沙（Spratlys Islands）永暑礁 4000 噸級船位深水碼頭。(二)自 2003 年起提供柬埔寨 6 億美元軍事援助與訓練，並修建該國唯一深水港施亞努維爾港（Sihanoukville）聯外鐵路。(三)於緬甸的梅古伊港（Mergui）建立海軍基地，並於安達曼灣的科克群島（Coco Islands）設立海軍雷達站監控布萊爾港（Blair Port）的印度巡弋飛彈試射與海軍其他活動。(四)對孟加拉銷售海上艦艇及步兵武器，納入吉大港（Chittagong）作為海軍運補據點。(五)出資興建巴基斯坦靠伊朗邊境的瓜達爾港（Gwadar）與雷達站，監視美軍與印度往來波斯灣與印度洋間船隻[15]。中國在上述據點的建設被外界稱為珍珠島鏈（String of Pearls），但是與美軍駐在印度洋軍力相比，中國與緬甸等國的軍事合作僅止於銷售武器、設置雷達站或提供解放軍艦隊運補等輔助性措施，規模與動員強度不如美國在當地的常設

---

[13] Ingolf Kiesow, op. cit., p .27.

[14] Information Office of PRC State Council, "The development of China's Marine Programs, May 1998", *Beijing Review*, June 15-21 , 1998, p.16.

[15] Robert Priddle, ed., *China's Worldwide Quest for Energy Security*, pp.64-66.

性兵力與軍事同盟，除了顯示中國參與海上航道安全維護的決心外，並無法挑戰美國的主導地位[16]。

三、麻六甲管道替代方案

中國除了加強與麻六甲海峽周邊國家海事合作關係外，如何建立海峽之外的其他運輸替代方案，降低依賴海峽作為主要運輸通道之風險，也是石油安全策略的思考方向，目前中國或周邊國家所討論的方案計有泰國克拉地峽(Kra Isthmus Canal)、緬甸實兌港（Sittwe）與巴基斯坦的瓜達爾港（Gwadar）等三條替代路線，其相關位置如圖 2.1 所示，茲說明如下：

（一）克拉地峽運河

克拉地峽位於泰國春蓬府（Chumphon）和拉廊府（Ranong）境內，從北緯 7 至 10 度間南北長約 400 公里之地帶，寬度從 50 到 190 公里不等，全段均位於泰國境內。目前被提出的「克拉運河」河道方案有 10 個，運河全長介於 100 到 112 公里之間，建成寬度 400 公尺，水深 25 公尺的雙向航道，適合遠洋巨輪出入。初步估算耗時需 10 至 15 年左右，耗資約 280 億美元。運河的效益在於油輪可從安達曼海直接進入泰國灣，比經過麻六甲海峽節省 540 海浬的航程，並避免海峽的恐怖攻擊事件侵擾，泰國政府有意在拉廊府興建大型石化工業園區與儲油槽擴大運河的石油轉運功能，與新加坡的石油提煉園區競爭。由於運河興建時間與成本極高，泰國又提出 260 公里的陸地管線與地峽兩端深水港興建計劃，但是油輪卸載與填裝的花費也超過海路運輸，因此不受中國

---

[16] Amy Myers Jaffe and Steven W. Lewis, "Beijing's Oil Diplomacy", *Survival*, vol.44, no.1 (Spring 2002), pp.115-134.

資料來源：liebigson 繪製，網址：
http://blog.yam.com/dili/archives/686910.html。

圖 2.1　麻六甲海峽石油運輸管道替代地點示意圖

與日本等潛在出資國青睞[17]。

克拉地峽運河方案不符合中國利益之處在於，運河的興建成本所節省的里程相較於巴拿馬或蘇彝士運河極爲有限，又會減少星馬印三國的港口倉儲與石油煉製收入，不利於中國亟欲與星馬印三國所建立的安全互賴關係[18]。從軍事戰略角度看來，將巨額投資置於中國控制範圍之外的泰國境內運河，除了泰國南部的穆斯林分離勢力可能帶來的紛擾之外，美國在泰國灣租借的三個海

---

[17] Shawn W. Crispin, "Pipe of Prosperity", *Far Eastern Economic Review,* vol.167, no.7 (Feb 19, 2004), pp.12-18.

[18] 楊謳，「各國博弈石油運輸新航線　泰國克拉運河意義凸現」，人民日報（北京），2004 年 8 月 11 日，版 8。

軍基地：曼谷、梭桃邑（Sattahip）、烏塔保（Utapao）駐軍都能直接干預運河運作，若發生禁航封鎖事件，中國潛在的運輸風險將遠高於另一個出資國日本[19]。

(二)實兌港端中緬管道

實兌港是緬甸西南方安達曼灣岸深水港,可停泊 20 萬噸級油輪,陸地油管計畫是在實兌港興建深水碼頭與轉運加壓站,從港口鋪設 900 公里的共軌鐵路經曼德勒（Mandalay）到中緬邊境的瑞麗（Ruili）,連接到中國雲南昆明後再向東延伸到廣東湛江,全長 2900 公里[20]。管道的效益在於緬甸與中國邊境接壤,石油從實兌港上岸之後走陸路進入中國東南沿岸的煉油基地,避開麻六甲海峽與南海海域遭到封鎖的威脅,工程單純性超過克拉地峽。緬甸軍政府長期以來受到國際孤立,依賴中國提供軍事與經濟援助,又接受中國雷達站進駐,對管道計劃配合度超過泰國[21]。緬甸另與中國簽訂稱爲仰光端中緬管道計畫的瀾滄江運

---

[19] 巴拿馬運河較美國東西岸原有繞經南美合恩角路線節省 8200 海浬,蘇彝士運河較歐亞間繞經南非好望角路線節省 10000 海浬,與克拉地峽運河所節省的 540 海浬相較下效益差異極大;而專家預估該運河總花費約在 280 億至 300 億美元間。詳見：孫領順,「破解麻六甲困局的克拉地峽方案於中國弊大於利」,《軍事文摘》（北京）,第 135 期（2004 年 10 月）,頁 49-50。

[20] Shawn W. Crispin, op. cit., pp.13-17.

[21] 目前實兌到瑞麗 900 公里距離內僅鋪設 400 公里鐵路,瑞麗到昆明 800 公里沒有鐵路,昆明到湛江已有南昆線（廣西南寧到雲南昆明,830 公里）及黎湛線（廣西黎塘到廣東湛江,320 公里）鐵路相銜接,因此中緬管道 2900 公里鐵路線共計約 1300 公里長度待築,自 1960 年代即有聯結中緬鐵路構想,但是礙於經濟效益、一直無法實行,參照：Donald M. Seekins, " Burma- China Relations: Playing with Fire " , *Asian Survey*, vol. 37, no.6 （June 1997）, pp. 525-539.

輸協議，進行以仰光為轉運口的可行性評估，採取河運與鐵路並進的方式增加緬甸南北向運輸能量，強化管道網的建設。

　　實兌港端中緬管道方案不符合中國利益之處在於，鐵路運輸成本超過海運 15 倍之多，加上瑞麗到昆明地勢起伏極大，鐵路建築難度大幅減低了其經濟效益；昆明本身缺乏石化工業，市場胃納有限，石油煉製與儲油槽等基礎設施必須從零開始，經濟成本因素的限制使中緬管道僅具有軍事戰略價值。

(三)瓜達爾端中巴管道

　　瓜達爾港為巴基斯坦西南部俾路支省（Balochistan）一個中型港口，中國自 2003 年起資助巴國於瓜達爾建立深水港及海軍基地，並興建大型儲油槽與通往全國第一大港喀拉蚩（Karachi）的高速公路，總花費超過 11.5 億美元，中巴管道預計由瓜達爾向西北修築油管通往中國新疆的喀什地區[22]。瓜達爾的地理位置極為優越，距離波斯灣出口的荷姆茲海峽約 400 公里，中東地區原油在 2 天的航程以內就可以由巴基斯坦上岸走陸路到新疆地區。中國除了已經建立新疆通往哈薩克的石油管線外，來自瓜達爾的原油增加中國西北油管幹線運輸量，將有效攤提歐亞能源陸橋成本，又不必因中緬管道重新修建雲南的基礎設施；而且瓜達爾是中國在印度洋最西邊的海軍據點，海路運輸風險可以降到最低，可行性極高[23]。巴基斯坦總統穆夏拉夫亦積極爭取中國投資此一「能源走廊」，因為巴國原有對外貿易均依賴緊臨印度邊境的喀拉蚩港，在 1971 年的第三次印巴戰爭中曾被印度海軍封鎖，因此巴

---

[22] 符定偉，「巴基斯坦通道:破解中國南線石油困局」，《21 世紀中國經濟報導》（廣州），2004 年 12 月 30 日，版 6。

[23] 張向冰，「國家利益與海洋戰略」，《中國海洋報》（北京），2004 年 5 月 14 日，版 2。

國希望藉由興建瓜達爾港分散外貿依賴喀拉蚩之現狀，成為中亞、中東、南亞各國對外窗口，同時振興較為落後的俾路支省經濟[24]。

　　瓜達爾端中巴管道方案不符合中國利益之處在於，俾路支省分離運動份子自 1947 年印巴分治以來就拒絕加入巴基斯坦，以卡拉特土邦（Karat）為首的游牧部落從 1953 年以後屢次發動恐怖攻擊事件至今，中國在瓜達爾港的工作人員已有 6 人罹難，甚至連國務院總理溫家寶在 2005 年 4 月預計前往參加瓜達爾深水港完工的行程，都因為當地局勢混亂而被迫取消[25]。長遠來看，瓜達爾港因為海軍監聽站的設置而強化了中國在印度洋島鏈的監控能力，從而引發了印度與美國消極抵制，伊朗則因港口興建影響石油出口獨占性轉而支持印度立場[26]；因此分離運動份子攻擊事件

---

[24] 中國目前對瓜達爾港聯外道路的投資，最主要項目為中巴邊境原喀喇昆崙公路的修復與平行油管路線的勘察；但是瓜達爾港完工之後，興建團隊「中國港灣與中國遠洋企業聯合體」在港務局經營權競標時受到營運經驗較豐富的新加坡港務局（SPA）強力競爭，中國掌控瓜達爾端中巴管道的企圖受到牽制。詳見：柴瑩輝、朱力，「關係未來亞洲石油通道，中新角力瓜達爾港經營權」，《中國經營報》（北京），2006 年 8 月 7 日，版 3。

[25] 俾路支省叛亂組織因地緣及宗教因素而自 1973 年之後受到阿富汗政府的支援，中國自 2003 年興建瓜達爾港口工程以來，多次成為俾路支解放軍（Baloch Liberation Army, BLA）、俾路支解放陣線（Baloch Liberation Front, BLF）和俾路支人民解放軍（Baloch People's Liberation Army, BPLA）等該省內叛亂組織的襲擊目標，2004 年 5 月 3 日，在俾路支解放軍製造的一次爆炸案中，3 名中國工程師遇害，另有 9 人受傷；2006 年 2 月 15 日又有 3 名中國工程師遭槍擊遇害，巴籍司機受傷。詳見：陳一鳴，「巴基斯坦俾路支省局勢持續不穩」，《人民日報》（北京），2006 年 2 月 16 日，版 6。

[26] 由於瓜達爾港距離伊朗邊境僅有 72 公里，中國也持續投資當地興建石化儲運設施與深水碼頭，爭取中亞石油出海口地位，從而減弱

與週遭國家暗中阻撓，使得中巴管道的運作穩定性受到威脅。

四、結　語

中國透過外交行動加入東南亞友好合作條約、與軍事部署印度洋珍珠島鏈的雙重途徑來確保麻六甲海峽為核心的海上運輸路線，與美國、日本的地緣競爭目前呈現互有領先態勢；同時也積極尋求緬甸及巴基斯坦的能源合作，緬巴兩國的交通樞紐利益與能源安全意涵，使其成為中國石油外交海路面向的重點區域，預期兩國在中國石油安全複合體系中將有更深入關係，尤其是巴基斯坦，從陸上油管到海軍基地計畫都將與中國達成更密切的合作。

第二節　南海問題與東協國家關係

南海北起台灣海峽、南到印尼蘇門答臘與加里曼丹島，東西寬 1400 公里、東南長 2400 公里，面積約 360 萬平方公里，為一東北-西南走向的半封閉海，中國的原油海運路線從非洲及中東地區穿過麻六甲海峽之後，便經由南海運載往中國東南沿海港口。目前中國與台灣、越南在海域北端的西沙、東沙及中沙群島都有實際佔領礁島，中國、台灣、越南、菲律賓、馬來西亞與汶萊則在南端的南沙群島各自佔領礁島，南海各群島分布與領海爭議示意圖如圖 2.2 所示。

伊朗於姆茲海峽海域內，與印度合建的「洽巴哈爾港」（Chabahar）競爭能力，因此屢次傳出伊朗與印度合作阻撓中國介入巴基斯坦工程傳言，詳見 Ziad Haider, " Baluchis , Beijing , and Pakistan's Gwadar Port ", *Georgetown Journal of International Affairs*, vol.6, no.1 (Winter / Spring 2005) , pp.95-103.

　　南海除了交通位置重要外，本身就蘊藏豐富的自然資源，從漁業、觀光到石油天然氣探勘各項事業開發都極具經濟價值，南海周邊從中國、台灣、東協等國家紛紛佔領海域礁島以確保權益，因此周邊各國所宣稱的島嶼主權與專屬經濟海域呈現相互重疊狀態[27]。隨著 1994 年 11 月「1982 年聯合國海洋法公約」（以下簡稱公約）的正式生效，沿海國家相繼劃定領海基線，將領海及鄰接區擴展到距領海基線 12 浬及 24 浬，進而主張 200 浬之專屬經濟區（Exclusive Economic Zone），大陸和海島之大陸礁層範圍則延伸至最外緣爲止，而公約對「島嶼制度」的規定是造成南海各國爭奪島礁的原因[28]。在公約體制下，「島嶼」是指自然形成，且在

---

[27] 中國、台灣、越南、菲律賓、馬來西亞與汶萊對南沙群島佔有區劃分爭議詳見：Allan Shephard，" Maritime Tensions in the South China Sea and the Neighborhood：Some Solution ", *Studies in Conflict and Terrorism* , vol.17, no. 2 (April - June 1994) , pp.181-193.

[28] 聯合國海洋法公約第 121 條第 3 項規定，不能維持人類居住或其本身經濟生活之岩礁，雖然不得和海島一樣享有專屬經濟區及大陸礁層，但可以有領海及鄰接區，並可供做領海基線的基點，因此加工成島之後差別在於專屬經濟區。第 47 條「群島基線」（archipelagic baseline）是指，群島國可劃定連接群島最外線各島和各乾礁的最外緣各點的直線，但這種基線應包括主要的島嶼和「群島水域」，群島國家主權及於按照第 47 條劃定的「群島基線」所包圍的水域，不論其深度或距離海岸的遠近如何，構成群島國家的群島水域、陸域面積比是有最高 9:1 的限制。印尼與菲律賓等群島國家即採行「群島基線」，以直線連接其最外島嶼之最突出點，構成群島基線，基線向外可以主張領海、鄰接區、專屬經濟區、大陸礁層等海域。南海現況係各島礁群分散於廣闊海域中，由於固定高於海平面以上之岩礁分佈過於分散，並不符合群島的地理定義，即使某一個國家可以有效控制南沙群島所有島礁，也無法連接成為足以適用「群島原則」的群島，故不適用群島水域規定，僅能就各自佔領島與主張其領海範圍。詳見：胡念祖，「南海島嶼主權維護」，南海政策回顧與展望研討會論文集（臺北：內政部，民國 92 年 3 月），頁 5-8。

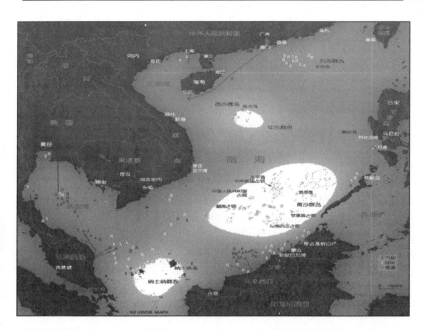

資料來源：Yu Ninje 根據 Tracy Dahlby, "South China Sea", *National Geographic*, 194(6), December 1998, pp. 7-33 附圖 'Suvival Space' 繪製，網址：
http://zh.wikipedia.org/w/index.php?title=Image:E5%8D%97%E6%B5%B7%E8%AF%B8%E5%B2%9B.jpg &variant=zh-tw

圖 2.2　南海各群島分布與領海爭議示意圖

高潮時突出海面的海中陸地，島嶼得有其本身的領海、鄰接區、專屬經濟區及大陸礁層，佔有島嶼即可獲得島嶼面積數百倍以上的領海與專屬經濟區。原本海域南端的南沙群島並不存在領海劃分爭議，因爲南沙經常露出水面的島礁中，只有台灣擁有的太平島因有地下淡水可供人類生活所需，海平面以上固定面積達到可供實際居住標準，符合島嶼定義；其餘島礁只能視爲岩礁[29]。但是公約條文漏洞普遍被各國所利用，因爲「島嶼」的定義並未排除以人工改造使成爲適於人類生存之島礁或岩礁，在南海周邊各國擴張解釋後，南沙群島一些主要島礁幾乎已全部從「無人或不適人類居住」經人爲經營而形成人員實際居住狀態，因此各島礁占有國可依據公約規定，以實際經營以及各國國內法做爲依托對南海主張其主權[30]。在公約通過的影響下，各國佔有島礁交錯分佈加劇了主權的爭奪，進而導致相鄰國家間海域及大陸礁層劃界問題，加深區域的衝突。

一、軍事衝突之後的外交斡旋

面對複雜與日益緊張的南海局勢，周邊各國無不積極提升軍力，並以佔領南海島嶼來增加折衝南海紛爭的籌碼，使得南海問題在冷戰後成爲亞太地區潛在的火藥庫。過去三十年來南海多次發生小規模軍事衝突，與中國相關的即有：1974 年派兵驅逐西沙

---

[29] 宋燕輝，「東協與中共商議南海區域行爲準則及對我可能之影響」，《問題與研究》（台北），第 39 卷第 4 期，民國 89 年 4 月，頁 22-23。

[30] 依照《1982 年聯合國海洋法公約》第 47 條的群島基線與第 76 條的大陸礁層定義，南海各島礁主張國－中國、越南、馬來西亞及菲律賓等均可依據第 55 條島嶼制度之規定，引用上述法條劃出 200 浬的專屬經濟區。由於南海島礁星羅棋布，主權各有所屬，而且佔有國積極興建永久設施，使島礁處於永久水平面以上狀態，結果是在此半封閉的水域中，各國所主張之基線、大陸礁層及專屬經濟區彼此重疊；詳見：孫大川，「1982 年聯合國海洋法公約對我國南海島礁主權之影響」，《國防雜誌》（台北），第 21 卷第 2 期，民國 95 年 2 月，頁 51-60。

群島的越南駐軍，1988 年佔領南沙赤瓜礁、永暑礁（Fiery Cross
Reef），兩次衝突裡中越雙方總計 100 人喪生；1995 年佔領菲律
賓原有的美濟礁，旋即遭菲國海軍擊退，1997 年中菲在卡邦島
（Capones Island）、1998 年黃岩島（Scarborough Shoal）、1999 年
天寧礁（Tennet Reef）爆發 3 次海戰；從 1992 年到 2000 年中國
與菲律賓、越南船艦相互開火與碰撞事件有 6 次，相互驅逐鑽探
研究船與鑽油機事件則有 8 次，發生於東京灣（Tonkin Gulf）與
南沙的萬安區塊（Wan-An Block）[31]。

　　為解決南海問題，東協國家於 1992 年 7 月在馬尼拉舉行的第
二十五屆東協部長會議中，簽訂「東協南中國海宣言」（ASEAN
Declaration on the South China Sea），呼籲相關各方以和平而非
武力手段解決南中國海問題，「東協南中國海宣言」逐漸成為
東協國家處理南中國海爭議的共識[32]。在此精神下，1996 年 7
月的「東協後外長會議」支持制定一份南海地區行為準則的建議；
這項建議在 1998 年底越南召開的第六屆東協高峰會中被認可，東
協決議制定讓南海各爭議國都遵守的行為準則[33]。1999 年 5 月東
協的「資深官員會議」正式提出「南中國海行為準則」（South China
Sea Code of Conduct）草案，並分別於 7 月及 11 月提至「東協外
長會議」和非正式高峰會中討論；但草案內容因涉及是否涵蓋西

---

[31] 其他東協各國領海爭議尚有：泰國、柬埔寨、越南、馬來西亞關
於泰國灣油氣開發爭議；泰國、馬來西亞、印尼關於納土納群島爭
議；詳見 Carolyn W. Pumphrey, *The Rise of China in Asia: Security
Implications,* pp. 238-241.

[32] Haijiang Henry Wang, "The perplexing dispute over oil", *Resources
Policy,* vol. 23, no.4 (December 1997), pp.173-178.

[33] 李文志，「海陸爭霸下亞太戰略形勢發展與臺灣的安全戰略」，《東
吳政治學報》（台北），第 13 期，2001 年 9 月，頁 159-161。

沙群島及能否在爭議海域進行軍事演習與偵察等敏感性議題，而使得該行爲準則在中國的反對下依然未定案[34]。

中國反對南海問題國際化，堅持以雙邊會談取代東協區域論壇的協商機制，原因在於避免南海問題國際化，讓美國與日本藉由論壇參與南海油氣開發與航道安全維護的利益分配，在相對菲律賓與越南的海空軍力優勢下，塑造利於中國引導議程的談判空間。雖然中國口頭上表示願意擱置主權爭議，共同開發爭議區資源，但卻以立法方式積極宣示其主權主張，亦即南沙群島的主權不可分割，不存在將來享有共同主權的問題，也拒絕準則適用於已實際有效佔領的西沙群島，更不惜運用武力爲行動後盾，迫使爭端國在主權行使上讓步[35]；藉由增強其在南海的存在事實及軍事能力，希望能塑造出「中國的南中國海」的形象。

二、中國軍事佈署積極

從近年來涉及南海主權爭議相關國家軍力的發展來看，中國一直積極整備工事，例如在 1987 年將海南島升格爲省、作爲經營南海政策的前進基地，而且積極經營南海艦隊的武器裝備與巡弋能力，相較於鄰近東南亞國家具備明顯武力優勢。在主權爭端僵持難解時，中國採取武力佔領的行爲，逐漸擴張其在南海的立足據點[36]，並且在 1992 年公佈「領海暨毗連區法」，並在與東協的

---

[34] 宋燕輝，前引文，頁 22 至 23。

[35] Haijiang Henry Wang, op. cit., pp.173-178.

[36] 爲鞏固南沙主權，中國近年來強化對南海控制的軍事動作不斷，並取得對越南、菲律賓的軍力領先。1988 年在永暑礁建立基地，其目的主要在於防衛領土，宣示主權。1990 年 7 月，中國完成了西沙群島永興島飛機跑道之工事。同年 7 月，完成空中加油演練。1992

對話機制中表明將依「國際法、聯合國海洋法與各項相關法律的規定與精神」，解決南中國海的主權爭議，而其中「各項相關法律」的意指國內法中的「領海暨毗連區法」，表明以國內法處理南海域爭議的立場並未改變[37]。

　　中國佔有西沙永興礁、南沙永暑礁之後，施作永久軍事設施，積極建設南海艦隊，對於南海航道的掌握相較於周邊國家係處於優勢，解放軍軍力投射基本上涵蓋南海區域，對於航道上油輪的安全維護已見成效。中國在岩礁有效佔領與軍力領先的情勢下，首先於 2000 年與越南簽署北部灣（越方稱東京灣）劃界協定，就雙方領海、經濟區、大陸礁層劃界與漁業合作問題達成協議，雙方並聲明透過和平談判、放棄以武力方式解決西沙等岩礁爭端[38]。中國在處理領海問題的策略是先於岩礁主權維護立於不敗之地，再協商區域內漁業及油氣資源分配，獲取雙邊談判的實質效益，特別是萬安區塊（越方稱杜清區 Tu Chinh）的石油開發因此取得重大進展；而牽涉台灣、越南、菲律賓、馬來西亞與汶萊多

年至 1993 年間，自行建造 27 艘江湖級的戰艦，向俄羅斯購買 26 架 Su-27 戰鬥機，10 架 IL76 運輸機和 100 枚 S300 地對空飛彈。1993 年 4 月，中國將三艘羅密歐級傳統潛艇由北海艦隊移至南海。1994 年 5 月，中國自製柴油引擎潛水艇武漢-C 級潛水艇首航。1994 年 11 月，中國與俄羅斯簽約購買四艘基洛級潛水艇。第一艘已於 1995 年 2 月運至北海艦隊，中國計劃在 10 年內建造兩艘 4 萬噸的航空母艦，在南海的海空軍力佈署愈見完整，詳見：唐仁俊，「中共處理南沙群島主權爭議之研析」，《海軍學術月刊》（台北），第 35 卷第 3 期，民國 90 年 3 月號，頁 16-27。

[37] Shee poon Kim, "The South China Sea in China s Strategic Thinking", *Contemporary Southeast Asia*, vol. 19, no. 4 (March 1998), pp.379-381.

[38] 袁古潔，「中越北部灣劃界對中國的影響」，《新經濟》（廣州），2002 年第 10 期，2002 年 10 月，頁 105-107。

方爭端的南沙群島則開始接受「南中國海行為準則」的協商機制，中國與東協國家共同協調初估蘊藏量達 60 億桶的石油天然氣資源[39]。

三、深入經營東協經貿議題

中國完成對南海的軍事部署、建立確保領土主權能力之後，處理南海問題策略逐漸轉向，願意就資源開發問題與周邊各國進行實質協商。為因應經濟發展的需求，中國需要和平之周邊環境，以利經濟發展，在戰略考量上，中國必須與各國保持接觸並建立良好的雙邊關係，從而防止美國藉由中國威脅論調與軍事佈局所進行的「戰略圍堵」[40]。尤其東協國家與中國貿易金額逐年成長，按貿易金額計算，目前中國已是東協的第六大貿易伙伴，東協並已連續 11 年成為中國第五大貿易伙伴。2003 年雙邊貿易額達到 782 億美元，與 1978 年相比、15 年間增長了 90 倍。2004 年中國與東協國家的貿易額達到 1000 億美元，預計 2010 年完成後的中

---

[39] 中國在永興礁問題上已與越南達成雙邊談判成果，但是與菲律賓的天寧礁爭議仍未完成談判，南海北部的西沙與中沙群島因為只牽扯中越及中菲爭端，中國仍堅持雙邊談判立場，不列入區域論壇議題。南沙群島因為牽涉多方爭端，中國立場因此鬆動，開始接受以行為準則為談判基礎。目前初估南海油氣蘊藏中 70%為天然氣，約 152.8 兆立方呎，已探明石油儲量為 78 億桶。隨著劃界爭端的逐步解決，南海的油氣探明蘊藏量可望向上提昇。詳見：Carolyn W. Pumphrey, *The Rise of China in Asia : Security Implications* , pp. 238-241 ； 美 國 能 源 部 網 站 資 料 ， 網 址 ： http://www.eia.doe.gov/cabs/china.html。

[40] 金德湘，「新形勢下中國與東南亞的關係」，《現代國際關係》（北京），1991 年第 8 期，1991 年 8 月，頁 14。

國－東協自由貿易區總計 17 億人口，國民生產總值達到 2 兆美元。以 1.2 兆美元的貿易總量計算，它將成為僅次於歐盟和北美自由貿易區的全球第三大市場[41]，因此進一步的區域貿易機制建立，其實有助於雙方經濟共存共榮。

　　新加坡、馬來西亞、印尼、泰國、越南等國家既為中國石油進口國，又處於南方海上航道安全維護的關鍵地位，自有積極爭取結盟的戰略需求；基於地理上的相鄰，維持與東協和睦關係，對中國南邊的和平與安全亦至關重要。這種認知態度的改變，促使中國對東協各國開始採取睦鄰外交政策，除了宣佈不再支持當地共黨從事叛亂活動外，並參與年度外長會議及東協區域論壇，釋出對東協各國的外交善意[42]。自 1995 年起，「資深官員會議」（Senior Officials' Meetings）提供中國很好的時機與東協接觸，並就安全議題公開對話。由於中國對東協的經濟和政治發展變得愈來愈重要，東協國家決定邀請中國成為對話夥伴，自 1996 年起參加「後部長會議」（Post Ministerial Conference），讓中國與東協深入討論相關議題[43]。中國視東協國家同為東亞的發展中國家，具有相近的文化背景與認同，與中國在價值、人權、民主等議題立場相同，應爭取雙方相互合作，聯合反對霸權主義。中國領導人不認為東協將成為西方國家圍堵中國的一環，相反的，東協在外

---

[41] 數據引自：林若雩，「中共與東南亞之經濟整合現狀與發展」，《中華歐亞基金會研究通訊》（台北），第 7 卷第 12 期，2004 年 12 月 10 日。

[42] Russell Ong, *China's Security Interests in the Post-Cold War Era* (London: Curzon , December 2001), pp.22-25 .

[43] Lai To Lee, "China's Relations with ASEAN: Partners in the 21stCentury? ", *Pacifica Review: Peace, Security & Global Change*, vol.13, no.1 (February 2001) , pp.61-71.

交上的積極表現，將促成東亞區域內多極化發展，同時成為美、中、日三角關係的均衡力量，避免西方霸權主義在區域獨占鰲頭[44]，中國期望藉由與東協國家簽訂貿易協議，確保貿易金額的持續擴張，為參與區域事務建立對話基礎，進而增強對東南亞的地緣影響力。

四、雙方開啟貿易整合階段

而東協讓中國加入區域整合運動，各成員國有不同的盤算。東協內部期望藉由中國對東協成員不同國家間關稅減讓及貨品輸入限制的放寬，有助東協國家在經貿上進一步整合，對外則利用中國積極參與貿易整合的契機向日本施加壓力，迫使極力保護國內農業的日本開放市場，同意與東協共組自由貿易區[45]。2002 年東協高峰會議後所舉行的東協加三高峰會議中，中國與東盟國家簽訂了《全面經濟合作架構協定》，啟動了「中國－東協自由貿易區」（China-ASEAN Free Trade Area , China-ASEAN FTA）的進程。根據協定，中國將在 2010 年與汶萊、印尼、馬來西亞、菲律賓、新加坡及泰國達成自由貿易區，雙方未來將在貨物貿易、服

---

[44] 閻學通，《中國國家利益分析》，（天津：天津人民出版社，1997 年 8 月），頁 276。

[45] 當中國於 2002 年 11 月在柬埔寨首都金邊所舉行的東協高峰會，和東協共同宣布將於 2010 年之前共組自由貿易區後，日本首相小泉純一郎有感於中國的競爭態勢，隔日立即和東協簽訂自由貿易協定，便為日本態度轉變明顯例證。詳見：宋興洲，「區域主義與東亞經濟合作」，《政治科學論叢》（台北），第 24 期（民國 94 年 6 月），頁 24； The New York Times 2002 年 11 月 6 日報導，網址：http://www.nytimes.com/aponline/international/AP-ASEAN.html.2002/11/6。

務業及投資等五個主要領域內進行合作，包含農業、信息通訊、
人力資源開發、相互投資及湄公河開發等；至於其他四個東協較
落後的國家，則預計在 2015 年完成。此一自由貿易區成立後，將
涵蓋中國和東南亞地區 17 億的人口，預期自由化後，原貿易總額
1.23 兆美元將可望再增加 50%[46]。同年亦簽訂「農業合作諒解備
忘錄」、「非傳統安全領域合作聯合宣言」和「南海各方行為宣言」
等多項協議或宣言，將中國與東協關係擴展到政治與經濟等多項
安全領域。東協秘書長 Rodolfo C. Severino 預估該自由貿易區形
成後，將為東協對中國的出口總值增加 48%，中國出口至東協各
國的總值增加 55%；同時，將使東協的 GDP 增加 0.9%，中國則
增加 0.3%[47]。

　　在 2003 年東協加三高峰會中，中、日、韓三國領導人承諾
積極支援和參加亞太經合會、亞歐會議等各種形式的區域合作。
會中中國總理溫家寶呼應「東亞自由貿易區」的構想，並主張東
亞自由貿易區不應該是個具有「排他性」（exclusive）的東亞自由
貿易區[48]，在此同時，東協與中國強化彼此政經合作的態勢愈見
明朗，在印尼峇里島舉辦的東協—中國例行高峰會議上，雙方共
簽署了三份文件，包括「東協—中國之和平與繁榮戰略夥伴關係
聯合宣言」、「東南亞友好合作條約」，「東協—中國全面經濟合作

---

[46] 鄧玉英、陳建甫，「從知識經濟看東協四國產業競爭力」，《東南亞
經貿投資季刊》（台北），第 19 期（2003 年 3 月），頁 9。

[47] Jing- dong Yuan, *China-ASEAN Relations: Perspective, Prospects and
Implications for U.S. Interests* (Washington D.C.: The Strategic Studies
Institute of the US Army War College, October 2006), pp.4-7 .

[48] John Wong, and Sarah Chan, "China-ASEAN Trade Agreement:
Shaping Future Economic Relations," *Asian Survey*, vol.43, no.3
(May/June 2003), pp.507-510.

架構協定之補充議定書」[49]。隨著年度高峰會的舉辦，中國與東協國家的貿易合作持續獲得進展，雖然宣言的前景因為雙方經濟條件的競爭態勢而受到質疑[50]，而且東協國家經濟發展程度落差極大；但是各項合作宣言的簽署卻使中國增加許多參與區域事務的對話管道，協商議題也從經濟延伸到傳統安全領域。例如 2004 年於寮國首都永珍舉辦的東協加三高峰會中協議新加坡、馬來西亞等 6 個較富裕國家於 2007 年取消關稅壁壘，寮國等待開發 4 國延後至 2012 年實施，要在 2020 年以前完成東亞共同體（East Asia Community）的經濟整合工作，並採納美國建議拉進澳洲、紐西蘭與印度的東協加六擴大方案[51]。中國與東協的貿易合作可以回溯到 1997 年東亞金融風暴期間，當時中國堅守人民幣價位，

---

[49] Marvin Ott, "Watching China Rise Over Southeast Asia," *International Herald Tribune*, September 16, 2004, p.C8.

[50] 中國與東協經濟整合前景未如檯面上樂觀，係因為雙方對外貿易和吸引外國投資上處於競爭地位。由於雙方經濟發展水準相近，所以在勞工密集的農業、製造業和採礦業上將會產生彼此競爭；東協的重要經濟夥伴（美國、日本和歐盟）可能發現中國提供的貿易及投資條件優於東協，因而把焦點轉移到中國大陸。其次「中國熱」（China fever）擴散到東協區域後，東協國家也都希望分享中國經濟利益的大餅，然而將資本轉移至中國，可能造成國內經濟將因資本短絀而延緩發展。同時北京政府公開鼓勵東南亞華僑企業界投資中國，無形中增加東協國家對其國內少數華人團體的不信任，詳見：宋興洲，「區域主義與東亞經濟合作」，頁 23-26；Jing-dong Yuan, op.cit., pp.8-11．

[51] 東協關稅障礙的取消時程是以新加坡、馬來西亞、泰國、汶萊、印尼為 2007 年組，越南、寮國、柬埔寨、緬甸危 2012 年組，其折衝過程詳見：李隆生，「以東協為軸心的東亞經濟整合：從區域主義到全球化？」，《亞太研究論壇》（台北），第 33 期（2006 年 9 月），頁 111-114。

防止東協國家貨幣貶值災情擴大、出口實力亦獲得保存；而中國
加入世貿談判對東協所做出的關稅減讓及進口項目開放承諾，
為雙方深化經濟合作建立基礎，相較於自我保護的日本更獲得
東協國家肯定[52]，因此 2005 年吉隆坡東協加三峰會轉型為「東亞
高峰會」（East Asia Summit）後，中國與東協國家展開政治與區
域安全議題的對話關係，在以東協國家為核心的區域合作機制當
中排除美國參與、削弱日本主導地位，以自由貿易區為誘因，尋
求東亞共同體成立之後與其貿易結盟的可能性[53]。

五、結　語

　　觀察中國處理東協關係的政策演變，雙方因為各項互惠關係
的建立而產生緊密連結，中國從處理南海衝突發展出策略性務實
主義（Strategic Pragmatism），藉由參與區域組織協商解決爭端之
行為準則[54]，從中國堅持佔有島嶼而願意分享領海開發利益的政
策中，可以看出中國將確保航道安全視為南海問題的優先選項。
南海油氣蘊藏作為對東協協商契機，將雙方利益進一步推展到促

---

[52] 洪財隆，「東亞高峰會後的東亞經濟整合趨勢 ──兼談台灣因應
之道」，《台灣經濟月刊》（台北），第 29 卷第 1 期（2006 年 1 月），
頁 21-25。

[53] 賴怡忠，「邁向後二加二時代的美日台合作」，《台灣日報》（台中），
2005 年 10 月 24 日，版 13。

[54] Ott 將東協各國與中國的緊密連結比喻為格列佛策略（Gulliver
Strategy），意指東協以經濟與軍事合作利益約束中國此一巨人之伸展
空間，促使中國以成員國的平等地位協商區域事務。詳見：Marvin C.
Ott, "East Asia :Security and Complexity", *Current History*, vol.100,
no.645 (April 2001/Asia), pp.147-153.

進貿易合作與建構安全認知的層次，相形之下，獨占該地油氣資源所引發的地緣衝突其實並非中國所樂見。東協與中國能否發展到安全社群的戰略高度，就現實情勢看來仍是有待努力，因為東協在經濟與軍事合作上與美國關係更為密切，即使區域內常有提倡「等距外交」的呼聲，但是中國身為強大的北方鄰國，擴張海空軍力的舉動往往只是引起東協國家的戒慎恐懼，經濟上能否形成互補關係也有待考驗[55]。但不可諱言的，中國的南向睦鄰政策對於石油安全體系的建構仍具有相當的正面助益，東南亞友好合作公約等協議的簽署使中國得以「東協加三」之架構參與區域事務，在印度洋的軍事部署、麻六甲海峽的海事合作、中南半島的鐵公路能源聯運計畫上，經由成員國身份開啟參與管道與安全對話機制，將東協國家轉化為合作夥伴，進而鞏固了南向的石油運輸安全。

第三節　中日東海油氣田爭議與雙邊關係

東海是中國大陸東岸與太平洋之間的一個半封閉海，西接中國、東鄰日本的九州和琉球群島、北瀕黃海和韓國的濟州島，南經臺灣海峽與南海相通，總面積約為 75 萬平方公里，平均水深約 1000 公尺，最深處為接近沖繩島西側的沖繩海槽，約為 2700 公尺[56]。1960 年代以來，位於東海海域的釣魚島群島周邊發現蘊藏

---

[55] Shee poon Kim, "The South China Sea in China s Strategic Thinking", pp. 379-381.

[56] Jing-dong Yuan, "China's defense Modernization: implications for Asia-Pacific Security", *Contemporary Southeast Asia*, vol.17, no. 1 (June 1995), p.73.

豐富的石油資源，使中日兩國間關於東海的海底資源以及釣魚島
及其附屬島嶼的領土主權歸屬爭端浮上檯面。由於東海最寬處僅
為 360 浬，根據 1982 年聯合國海洋法公約，如果中日雙方各自主
張 200 浬專屬經濟區，出現的重疊區域就是爭議所在。因此日本
主張中日的專屬經濟區應依據 1958 年的「大陸礁層公約」第 6
條中間線原則，以中國華東海岸與日本沖繩群島的中間線進行劃
分；1982 年日本駐中國大使館曾向中國遞交一份地圖，首次提出
中間線原則，惟中國並未同意[57]。

　　中國主張東海專屬經濟區應以大陸棚架與實際人類活動為依
託，不接受日方僅以沖繩群島之佔有、要求與人口密集的華東海
岸作對等畫分，既然東海大陸棚架是中國大陸水下的自然延伸，
按照海洋法公約第 76 條大陸棚架自然延伸原則視為中國所有，因
此應以大陸棚終止的沖繩海槽為中日專屬經濟區分界線[58]，亦即

---

[57]　朱鳳嵐，「中日東海爭端及其解決的前景」，《當代亞太》（北京），
2005 年第 7 期（2005 年 7 月），頁 3。

[58]　中日雙方在東海專屬經濟區爭議上都是援引對各自最有利的國際
法條文作解釋，日本引用 1958 年「大陸礁層公約」第 6 條規定：「相
鄰或相向國家大陸礁層的疆界應由兩國之間議定予以決定，在無協
定的情形下，除根據特殊情形另定界線外，疆界應適用等距離線（中
間線）予以確定。」，欲與中國平分東海海域。中國則引用 1982 年
聯合國海洋法公約第 56 條專屬經濟區規定：「沿海國在專屬經濟區
內根據本公約行使其權利和履行其義務時，關於海床和底土的權
利，應按照公約第 6 章規定行使」；而第 6 章第 76 條大陸棚架規定：
「沿海國的大陸棚架包括其領海以外依其陸地領土的全部自然延
伸，擴展到大陸外緣的海底區域之海床和底土，如果從測算領海寬
度的基線量起，到大陸外緣的距離不到 200 浬，則擴展到 200 浬的
距離；（大陸棚架）不應超過從基線量起 350 浬，或 2500 公尺等深
線 100 浬」。中國因此認定在東海的專屬經濟區應包括自華東海岸起
算約 300 浬寬度的東海大陸棚，直到沖繩海槽為止。詳見：胡念祖，
「東海・諜星艦與春曉汽田」，《自由時報》（台北），2005 年 4 月

中間線往日本方向再推進 100 浬。儘管公約明確規定了領海、毗
連區、大陸棚以及專屬經濟區的界限，但對相鄰或相向國家間大
陸棚界限的劃定原則卻採取了迴避態度，只在第 61 條籠統規定為
「應在國際法院規約第 38 條所指國際法的基礎上以協議劃定，以
便得到公平解決」。這是由於在 1978 年第三屆聯合國海洋法會議
上，主張衡平原則集團與主張中間線集團壁壘分明，而中日兩國
正好分別屬於兩個不同的集團，中日兩國均根據《聯合國海洋法
公約》相關規定各自提出了有利於己方的東海劃界原則立場[59]。
雖然中日雙方對經濟區劃分存有歧異，但目前雙方在東海海域的
活動與執法已經默認中間線之存在，由於東海被認為蘊藏豐富油
氣資源，中國仍堅持完全佔有大陸棚架立場以確保現有油氣開發
工程。

一、中日搶佔中間線天然氣探勘

　　西湖凹陷是東海大陸棚架盆地的次級地質凹陷之一，位於上
海和寧波的東南約 400 公里，全長約 500 公里，與華東海岸平行。
中國自 1970 年代開始探勘東海海域以來，西湖凹陷已屢次發現豐
富的石油天然氣資源，天然氣儲量估計就高達 3000 億立方公尺，
目前中國已開發、並以杭州西湖景點命名的鑽井計有春曉、平湖、
天外天、殘雪、斷橋等氣田，可望作為穩定供應中國東南沿海天

---

19 日，版 14；Jing-dong Yuan, "China's defense Modernization:
implications for Asia-Pacific Security", p.75。

[59] 朱鳳嵐，「中日東海爭端及其解決的前景」，頁 7-12。

然氣的重要來源[60]。東海專屬經濟區中間線與油氣產區爭議圖如圖 2.3 所示。

平湖氣田於 1998 年投產，已建成海底輸油管線直接輸送大上海地區，春曉氣田位於浙江寧波東南方約 350 公里的另一個構造

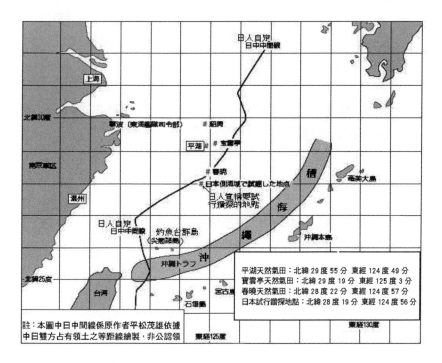

資料來源：平松茂雄 ，《中国の戰略的海洋進出》（東京：勁草書房，2002 年 1 月），頁 165。

圖 2.3　中日雙方東海專屬經濟區中間線與油氣產區爭議圖

---

[60] Bernard D. Cole, *Oil for the Lamps of China"—Beijing's 21st-Century Search for Energy* (Washington, D.C.: National Defense University Press, October 2003) , pp.27-28 .

帶，與天外天、殘雪、斷橋氣田相連，4 個氣田總面積約 2.2 萬平方公里，2005 年投產後每年可向浙江和上海輸送 25 億立方公尺的天然氣資源，到 2010 年則增加到 100 億立方公尺[61]。雖然中國所開發的一系列油氣田，都位於中日爭議的海洋專屬經濟區中間線的中方一側，但因春曉氣田距離中間線僅有 5 公里，引發日本高度不滿。日方於 2004 年 6 月在馬尼拉舉行的「東盟能源部長會議」裡質疑中方的開發行為延伸及中線東側日方佔有的地下資源[62]，將引起虹吸效應而使其利益受損；日本也在 2005 年 7 月春曉附近的中線另一側開放國內「日本開發」、「帝國石油」等公司從事地層探勘，加緊資源爭奪的動作[63]。

其實春曉真正投產所帶來的經濟利益並非重點，而是該油氣田位置的國際海洋法與海域劃界意涵。如果承認春曉油氣田結構跨越日方主張之中間線，中國對東海所主張的大陸礁層與 200 浬專屬經濟區勢必受到折損[64]。況且中國一旦在春曉油氣田爭議上讓步的話，「斷橋」等位於大陸棚架上、且油氣層延續超過中間線的油氣田也會面臨日本共同開發的要求，等於默許日本進一步跨越中間線建立大陸棚架上的開發據點，將東海的資源與航道利益拱手讓人[65]。因此中國對東海油氣田開發爭議採取強烈對抗的立

---

[61] Arthur S. Ding, "China's Energy Security Demands and the East China Sea: A Growing Likelihood of Conflict in East Asia?", *The China and Eurasia Forum Quarterly*, vol.3, no.3（November 2005）, pp.36-37.

[62] 魏國彥，「東海石油流向何處」，《中國時報》（台北），2004 年 10 月 24 日，版 A15。

[63] 熊玠，「中日東海之爭與海權、海洋法」，《中國評論》（香港），總第 97 期，2006 年 1 月，頁 6-14。

[64] 朱鳳嵐，「中日東海爭端及其解決的前景」，頁 14。

[65] 魏國彥，「東海石油流向何處」，版 A15。

場，無視於日本透過外交管道提出的抗議，仍然繼續油氣田探勘作業。中國所依據的海洋法公約 76 條大陸棚架原則，若依公約規定大陸棚架劃分圖應由主張國於海洋法年度會議提出並獲得當事國同意，方可排除 200 浬專屬經濟區之適用，亦即大陸棚架若獲得日本認可連續延伸超過 200 浬部分、仍可計算至 350 浬爲止；日本的計劃則是持續中間線的主張、堅持劃分效力及於水面下的大陸棚架，持續否決中國提案以免中方擴張專屬經濟區，並鼓勵國內石油公司赴該地開發，至今中日雙方於東海的默契是在水面上各佔相等的專屬經濟區寬度，大陸棚架開發互不超越日方所畫的中間線。

二、釣魚台群島問題

　　中日雙方在東海爭奪領海專屬經濟區的另一個焦點爲釣魚台群島，釣魚台群島由 8 個大小不同、無人居住的島嶼組成，總面積爲 6.32 平方公里，其中以 3.8 平方公里的釣魚島面積最大，海拔最高點約 362 公尺。如果以中日兩國領土（包括無人島）計算，釣魚台距離最近的彭佳嶼（台灣）與石垣島（日本）各 90 海浬左右，地理位置剛好坐落於中日東海海域的中間線，加上兩國對該島的主權爭議，更增加了劃界的難度。自釣魚台領土主權歸屬發生爭端以來，中日兩國政府各自發表聲明宣示釣魚台主權，學者們也紛紛從歷史、地理、國際法學各角度對釣魚台問題進行了廣泛研究[66]，而且對釣魚台在東海劃界中的效力各有主張。中國認

---

[66] 中方學者研究結論可分為下列四點：(1)歷史上，中國人最早發現和命名了這些島嶼。現存最早記載釣魚島等島嶼名稱的文獻，是藏于英國牛津大學波德林圖書館的《順風相送》，書中首次出現釣魚嶼、黃尾嶼等名稱。(2)地理上，釣魚島等島嶼位於中國東南大陸棚

為釣魚台群島面積小，無人居住，不能維持本身的經濟生活，因
而不應擁有本身的陸棚和專屬經濟區；而日方則主張釣魚台既有
專屬經濟區，並將其作為東海大陸棚架劃界的基點[67]。中日兩國

架上，地層結構係屬臺灣的附屬島嶼，不屬於琉球群島。(3)實際利
用上，福建、臺灣等地漁民自 500 年以前就在此捕魚、避風，明清
兩代前往琉球的冊封使也以這些島嶼作為航標。現況並無日方所謂
古賀氏一家居住事實。(4)國際條約上，釣魚台被包括在 1895 年中日
馬關條約範圍內由中國割讓予日本，二次世界大戰後，日本應根據
開羅宣言和波茨坦宣言有關條款將島嶼歸還中國。1951 年舊金山和
約、1971 年日美歸還沖繩協定均不能構成日本對釣魚島擁有主權的
依據。

日本方面堅持對釣魚台擁有主權，提出的依據有：(1)歷史上，尖閣
諸島並不屬於琉球王國或臺灣，而是國際法定義的無主地。尖閣諸
島是由日本人首先發現並命名，根據國際法中的先占原則，應歸屬
最早管轄該島的日本。(2)地理上，尖閣諸島應為日本西南諸島一部
分，在 1895 年 4 月簽訂的馬關條約第 2 條第 2 款清政府向日本割讓
「臺灣及其附屬島嶼」中沒有關於該島記載。(3)實際利用上，1896
年古賀辰四郎一家獲得了該列島 4 個島嶼開發經營權，1926 年獲得
了個人所有權，日本政府透過民間經營方式實現了對該島嶼的實際
占有。(4)國際條約上，釣魚島不在開羅宣言、波茨坦宣言、舊金
山和約等條約中規定的日本必須放棄領土之內，1971 年日美簽署的
《關於琉球群島、大東群島的協定》則包括釣魚島等島嶼。彙整資
料參照：米慶餘，琉球歷史研究（天津：天津人民出版社，1998 年
6 月），頁 14-17；村田忠禧，尖閣列島釣魚島爭議（東京都豐島区：
日本僑報社，2004 年 6 月），頁 21-27；熊玠，「中日東海之爭與海權‧
海洋法」，頁 13-14。

[67] 中日雙方立法宣示主權動作計有，中國於 1992 年 2 月 25 日第七
屆全國人民代表大會通過了「中華人民共和國領海及毗連區法」，其
中第 2 條規定「中華人民共和國領海為鄰接中華人民共和國陸地領
土和內水的一帶海域。中華人民共和國的陸地領土包括中華人民共
和國大陸及沿海島嶼、臺灣及其包括釣魚島在內的附屬各島、澎湖
列島、東沙群島、西沙群島、中沙群島、南沙群島以及其他一切屬

從 2004 年 10 月至 2006 年 3 月分別於北京與東京共舉行 4 回合的東海問題磋商，雙方僅就建立對話管道與聯合開發議題交換意見，實質的畫界方式與漁業礦產開發計畫仍處於各自表述的立場。若想在東海劃界問題上實現公平，唯一可行的辦法就是在劃界中忽略釣魚台等島嶼[68]，以中國東南沿海與沖繩群島等距中間線爲談判基礎，亦即雙方現有的使用默契。鑒於釣魚島主權歸屬問題存在著複雜歷史糾葛及強烈民族主義聲浪，中日兩國近期內應該難以達成協定。無論哪一方最終擁有釣魚台，對於中日東海紛爭的實際後果至爲重要；如果釣魚台主權歸屬中國，那麼中方將因擁有在該島東面和北面的大陸棚與專屬經濟區，使專屬經濟區涵蓋了整個東海南半部，並包括西湖凹陷的全部面積，而非現在僅佔有 80%面積。 相反地如果日本擁有釣魚島，其專屬經濟區將由釣魚台向西北延伸，劃入中國海岸延伸出的大陸棚。如此就不難明白中日雙方各自立場何以毫不退讓，紛爭難以透過協商解決的道理[69]。

三、中日海權佈局針鋒相對

東海油氣田在中國石油安全體系建構過程中佔有關鍵地位，

於中華人民共和國的島嶼」。日本國會則於 1996 年 6 月 14 日通過「專屬經濟區和大陸架法」，以無人居住的小島男女列島和沖之鳥岩礁爲基點，按等距離中間線劃分東海大陸棚架，將釣魚台劃入日方領土。詳見：熊玠，「中日東海之爭與海權・海洋法」，頁 13-14。

[68] Wei-chin Lee, "Troubles Under Water: Sino-Japanese Conflict of Sovereignty on the Continental Shelf in the East China Sea", *Ocean Development and International Law*, no.18 , 1987, p.598 .

[69] 熊玠，「中日東海之爭與海權・海洋法」，《中國評論》，頁 6-14。

目前中國國內主要的陸上油田大慶、勝利、遼河都已經來到增長減緩的高峰期，海上油田將是中國未來穩定國內產量希望之所繫，春曉等油田的投產可直接供應中國東南的精華地區，將降低上海、江浙省份過度依賴南方海上航道石油運輸的風險。但是中國與日本在領土主權及油氣開發議題的潛在衝突都是東海海域情勢穩定的負面因素[70]。除了目前畫界爭議之外，從整個東亞地緣格局看來，中日兩國在東海發生衝突的背後其實還牽涉了雙方爭奪亞太地區海權優勢的戰略考量。

以往日本官方所發表的「防衛白皮書」均以前蘇聯為假想敵，但自蘇聯解體後，1992 年度防衛廳「防衛白皮書」指出俄羅斯的軍力與訓練已經明顯裁減，僅強調蘇聯軍事動向的不安定與不透明，相反地卻明顯增加對中國軍事活動之記載，尤其在 1996 年台海危機發生後，該年度的防衛白皮書及指出必須注意中國是否有危害亞太地區安全的動向。另外日本國會於 1996 年 9 月 17 日公佈的一份調查報告中就聲稱中國是東亞地區潛在的主要軍事威脅，並敦促日本政府要對中國「提高警惕」；該報告明確指出：「隨著中國加強其軍事力量，日本應該警惕它的這一鄰國不要變成霸權主義的國家」[71]。近年來在經濟快速發展、軍事現代化下，中國是否會從傳統的陸權國家向海權國家轉變，對身居美國亞太地區安全保障體系前線的日本影響最為直接。中國在 1992 年通過的「中華人民共和國領海及毗連區法」便展現出經營海洋國土的強烈企圖心；隨著中國經濟成長所需面臨人口增長與環境惡化的生

---

[70] Arthur S. Ding, "China's Energy Security Demands and the East China Sea: A Growing Likelihood of Conflict in East Asia", pp.35-38.

[71] 高科，「中日關係的十年回顧與反思」，《現代日本經濟》(吉林)，總 143 期（2005 年 5 月），頁 61。

存問題，與其強化對東亞影響力的意圖日益明朗，向海洋發展似乎是必然的選擇[72]。由地緣政治角度分析，自日本的九州及南西群島、台灣、菲律賓、印尼所組成的第一島鏈，將原本屬於陸權國家的中國與太平洋隔開，也阻斷其經營東南亞各國、印度、巴基斯坦關係，向印度洋發展的可能性[73]。因此，若要經營海洋乃至於全球性的強權，中國必須突破地理上的不利因素，排除日本與台灣的掣肘，全力經營東海在內的周邊海域。

中國海軍自建政以來戰略思想，係以近岸積極防禦做爲指導原則，從人民戰爭觀點，出發協助陸軍對抗北面的蘇聯。1985年鄧小平於中央軍委擴大會議中宣示「以和平建軍取代打核戰爭的臨戰準備狀態」，海軍戰略目標轉爲透過威攝力量的客觀存在，制止可能發生的戰爭，包括因應海洋權益衝突引發的局部性戰爭，爲經濟建設創造和平的國際環境[74]。因此海軍面對遠洋，跨出近岸防守、以海支陸的格局，以爭取海洋多層縱深，作爲近海積極防禦的核心；並以武力支持解決領土爭端與資源開發的海洋政策，較爲顯著的例子就有 1974 年至 1999 年間對菲律賓與越南的五次海戰。中國向來對於使用搶占岩礁及參與聯合國海洋法會議的文武兩手策略得心應手，目前在南海派駐軍力與主導國際開發案也取得豐碩成果，多年來中國海軍歷經引進俄羅斯技術與自主研發，軍事實力已是突飛猛進，配合艦

[72] Evan A Feigenbaum, "China's military posture and the new economic geopolitics", *Survival*, 41(2), Summer 1999 , p.71-88 .

[73] 廖文中，「中共 21 世紀海軍戰略對亞太安全之影響」，《中共研究》（台北），第 34 卷第 6 期（2000 年 6 月），頁 66。

[74] 陳永康、翟文中，「中共海軍現代化對亞太安全的影響」，《中國大陸研究》（台北），第 42 卷第 7 期（民國 88 年 7 月），頁 6-8。

載航空兵種組建與多科目跨兵種遠洋演訓的實施，海軍以潛艦搭配水面艦隊的遠距打擊及兵力投射能量均獲得長足的進步[75]。但是在堪稱太平洋門戶的東海，海軍施展空間卻是有限。

中國解放軍海軍現分為三大艦隊拱衛領海，其中駐紮江蘇寧波的東海艦隊即為負責東海軍事行動的前線部隊，東海艦隊現有各類作戰及支援艦艇 500 多艘，是三大艦隊中艦艇數量最多的，官兵總人數 9.6 萬人；其中導彈驅逐艦及巡防艦 25 艘、柴電潛艇 28 艘；此外還擁有登陸、掃雷、偵察艦艇、導彈及魚雷快艇等戰鬥艦艇 300 多艘，補給船、救助船等各型運輸與支援艦艇 170 多艘；空中力量有轟炸機師、戰鬥機師，以及新組建殲擊轟炸機師等共三個海軍航空兵師，並能與空軍安徽蕪湖基地蘇愷 27 型機隊進行協同作戰；地面配置海軍陸戰隊 4 個營兵力，以 4 艘玉康級戰車登陸艦為主的運輸支隊可以立即裝載一個滿編陸軍師[76]；總

---

[75] 中國現有夏級彈道飛彈潛艦之外，又研發可搭載射程 4000 浬巨浪二型導彈的 094 型核能潛艦；具備水下巡弋飛彈發射功能、取代漢級攻擊潛艦的 093 型核能潛艦也進入研發階段；宋級與俄國基洛級傳統柴電潛艦服役狀態良好；1990 年代之後，旅大 II／旅大 III 級改良型驅逐艦、新型旅滬 II 級／旅海級驅逐艦、江滬 II 級改良型巡防艦、江衛級/江滬 III 級與俄國現代級巡防艦、大登級戰車登陸艦也陸續加入戰鬥序列，服役船艦等級根據 *Jane's Fighting Ships, 2005-2006* 資料更新，詳見：Stephen Saunders RN, *Jane's Fighting Ships, 2005-2006* (Surrey, U.K.: Jane's Information Group, August 2005), pp.115-150．

[76] 中國現有三大海軍艦隊；北海艦隊是中國海軍唯一擁有核動力彈道飛彈潛艇的部隊，司令部設於山東青島，下轄青島基地（轄威海、膠南水警區）、旅順基地（轄大連、營口水警區）、葫蘆島基地（轄秦皇島、天津水警區）；葫蘆島基地為核潛艇母港。東海艦隊負責防衛中國東海水域的安全，司令部設在浙江寧波，下轄上海基地（轄連雲港、吳淞水警區）、舟山基地（轄定海、溫州水警區）、福建基地（轄寧德、廈門水警區）。南海艦隊負責防衛南中國海水域，司令

體戰力被評爲僅次於衛戍首都地區的北海艦隊。東海艦隊雖已具備部署快速反應部隊能力，但如果對抗日本東海方面海上自衛隊較新式的船艦，一般評估解放軍在個別船隻及柴電潛艦的攻擊力、反潛能力與飽和攻擊承受力評比居於下風，艦艇數目、第二炮兵（長程導彈）部隊、核能潛艦戰力則超過海上自衛隊[77]，如果兩國在東海開戰，勝負仍將難以預料，不若解放軍在南海明顯佔有的軍事優勢。

部設在廣東湛江，下轄湛江基地（轄湛江、北海水警區）、廣州基地（轄黃埔、汕頭水警區）、榆林基地（轄海口、西沙水警區）。東海艦隊艦艇數目詳見：Office of the Secretary of Defense, *Annual Report to Congress: The Military Power of the People's Republic of China 2005*, pp. 33-44；人民網軍事報導專區，網址：http://people.com.cn/bbs/ReadFile?whichfile=2851170&typeid=21。

[77] 就此論點，對於中日海戰勝負純就艦隊規模與戰力之比較，未考慮中國二砲部隊協同作戰與駐日美軍投入可能性，目的僅在說明日本與東協海軍戰力差異決定了中國周邊海域政策的不同。日本海上自衛隊下屬一級編制為護衛艦隊，由防空驅逐艦、多用途驅逐艦和直升機驅逐艦所組成，共有 8 艘主戰艦配合 8 架反潛直升機，又被稱為八八艦隊；輔助兵力為地方隊，配置 1~2 個護衛隊、1~2 個掃雷隊、運輸艦，俗稱九十艦隊。目前負責東海軍事行動的單位為佐世保（Sasebo、駐沖繩）護衛艦隊及地方隊、吳港（Kure、駐廣島）護衛艦隊及地方隊。自衛隊軍費向來充裕，年度預算超過 4.8 兆日圓，海上自衛隊船隻服役年限之新更是傲視全球海軍，80％船艦平均服役 10-15 年，所以即使是地方隊的戰力都足以名列亞太地區前茅。海上自衛隊相較於中國東海艦隊具有新式裝備優勢，但是數量低於東海艦隊，如果中日兩國在東海海域發生衝突，中國的北海艦隊馳援東海的距離仍較自衛隊為近，因此加大中日雙方的數量差距。詳見：劉先舉，「日本『八八艦隊』發展之研究」，《海軍學術月刊》（台北），第 34 卷第 3 期（民國 89 年 3 月），頁 82。

四、日本實力超過南海問題當事國

　　日本在東海的積極作為也抵消了中國的戰略優勢，例如日本在東太平洋、距離沖繩 1070 公里的沖之鳥岩礁上不惜成本建立 300 平方公尺的強固設施，是原來岩礁面積的 37 倍；現在也開始常駐人員與增建燈塔、永久性碼頭，就是著眼於鄰近島群能為日本增加的 40 萬平方公里專屬經濟區[78]，更遑論僅距離沖繩 400 公里、戰略地位更關鍵的釣魚台。美國在 1972 年結束對琉球的軍事託管後，將釣魚台一併交給日本，使日本得以在島上實施有效佔領，當時美國還在沖繩維持強大的駐軍，讓日本占有釣魚台其實是強化戰略伙伴關係的長遠佈局[79]。自衛隊與美軍合作駐守第一島鏈，在冷戰時期有效地遏制了解放軍發展遠洋行動，同時建立了以佐世保基地群為核心、遠東地區最強大的預警雷達監控系統，掌握東海情勢程度遠勝於海軍規模普遍不大的東協各國，足以在東海與解放軍分庭抗禮。海域執法方面，日本海上保安廳現有各式船舶 220 餘艘，年度預算超過 280 億日圓[80]，配合海空艦機雷達系統的運作，對釣魚台及周邊海域強硬執行巡弋及扣押越界船隻措施，有效遏阻了中國與台灣的保釣或資源探勘活動；實際佔有之後，積極的經營企圖心與人工設施讓釣魚台在東海畫界談判上發揮關鍵作用，約束中國接受暫定中間線的現實。

---

[78] 常濱，「吋礁必奪的日本」，《決策與信息》（北京），2004 年第 9 期（2004 年 9 月），頁 20-22。

[79] Russell Ong, *China's Security Interests in the Post-Cold War Era*, pp.79-82 .

[80] 樂紹延、傳勘，「日本：擴軍與立法並行」，《國際先驅導報》（北京），2005 年第 50 期（2005 年 12 月 9 日），頁 5。

中國與菲越兩國所爆發的海戰在東海重演的可能性不高，因為南海遠離中國本土而且解放軍軍力凌駕東協國家之上，與東海情況完全不同。東海濱臨經濟精華所在的長江三角洲與東南省份，鎮江與寧波的石油戰略儲備基地也在東海沿岸，若為爭奪石油爆發戰爭而波及全國最大的儲油基地，反而不利石油安全政策[81]。日本海上自衛隊軍力強大，若配合美日安保體系啟動後介入的美軍太平洋艦隊封鎖海上航道，勢必對上海及東南沿海經濟造成重創，日本經濟也會因中國的軍事報復而遭受沉重打擊，更可能將美軍拖入區域衝突的泥沼，這都是中國發動軍事佔領南海島礁時尚不至於發生的狀況[82]。對解放軍而言，強化東海艦隊戰力目的在於鞏固近海防禦，確保東海航道主控權不至於向船艦較新穎的日本一面倒；戰爭的代價遠超過中日兩國所能承擔的程度，促使雙方於目前對立的僵局繼續協商，相對地降低了地緣衝突的強度。

五、結　語

綜合中日兩國在東海的紛爭背後所牽扯的地緣戰略因素，現今美國藉由美日安保體系監控中國面向東海的政治與軍事發展，同時在朝鮮半島與台灣海峽又與中國開展了亦敵亦友的安全合作關係。在維持東海航道安全的共同利益驅使下，現行中日中間線的存在已成為中美日三方都可接受的共識。即便解放軍近年來發

[81] Evan A Feigenbaum, "China's military posture and the new economic geopolitics ", pp.73-75.

[82] 高朗，「後冷戰時期中共外交政策的變與不變」，《政治科學論叢》（台北），第 21 期（民國 93 年 9 月），頁 38。

展遠洋軍力有成，而中日兩國在東海的外交及資源紛爭劍跋弩張，但未來應該不至於升高為軍事衝突，原因除了中日雙方軍力未若對越南、印尼、菲律賓軍力明顯落差外，主要還是在於日本同為石油進口國，與中國同樣依賴中東及非洲地區經過南方海上航道運輸進來的原油，雖然中日在東海海域進行資源開發的激烈競爭，但是雙方都不樂見軍事衝突的發生影響東海航道的穩定運作，畢竟東海油氣資源還在探勘與初期試產的階段，重要性不比原油進口路線安全利益，因此短時間內中日相互牽制東海資源開發的格局仍難以改變，就如同中國在南海地區與東協國家形成的勢力平衡，在維護海上航道安全前提下，領海主權爭議還是得適時地擱置，優先維護進口石油路線順暢。

第三章

歐亞能源陸橋
之政治經濟效應

本章討論中國建構石油安全複合體系的陸地開發面向。俄羅斯、中亞與中國陸地疆界接壤，又具有豐富的油氣資源，強化此地外交關係將能獲取能源供應、西部經濟發展與邊境情勢穩定的多重戰略利益。中國在俄羅斯遠東地區與日本爭奪石油開發商機，在中亞地區又必須面臨美俄利益競爭，因此石油出口國維持區域各方勢力平衡的策略決定了中國開展能源外交的成效。

第一節 中日爭奪俄羅斯石油出口管線

俄羅斯目前是世界第二位石油生產大國，每年產量僅次於沙烏地阿拉伯，俄羅斯領土遼闊居世界第一，各種石化及金屬礦藏非常豐富，以往石油產區集中於裏海的巴庫與伊爾庫茨克州，以對歐洲出口為大宗[1]。俄羅斯領土橫跨歐亞兩大洲，自前蘇聯時代計畫經濟轉型以來，國內經濟仰賴天然資源銷售外匯支持，亦開始著重西伯利亞及遠東地區能源開發。俄羅斯出口至中國的石油以陸路運輸為主，受限於鐵路油罐車運量與西伯利亞產區較晚開發之限制，僅位居中國石油進口來源的第七位，中俄雙方石油合作還存有極大的發展空間。

---

[1] 俄羅斯 2004 年每日石油生產均量 928 萬桶，僅次於沙烏地阿拉伯的 1058 萬桶，而且相較前一年成長率 8.9％，可見石油蘊藏仍具有極大的開發潛力。2004 年每日出口均量 644 萬桶，其中 82％、即 534 萬桶輸出至歐洲地區，同時期輸出中國每日均量僅有 36.5 萬桶，占出口量 5％。詳見 British Petroleum Company, *Putting energy in the spotlight: BP Statistical Review of World Energy June 2006*, pp. 6-8 , p.18.

一、中俄能源合作歷程

　　西伯利亞地區的伊爾庫茨克州是俄羅斯境內最大的油田，1993 年每日生產均量為 423 萬桶，占全國產量的 65％；鑑於亞太地區國家對石油需求日趨殷切，俄羅斯首先在 1993 年提出西伯利亞—太平洋石油天然氣管道工程（西太線）的構想，利用向亞太地區國家出口的機會吸引資金，投入東部西伯利亞和遠東地區豐富的石油天然氣資源後續開發[2]。西太線預計以伊爾庫茨克州的安加爾斯克市為鋪設起點，結合伊爾庫茨克州、薩哈共和國和薩哈林州三地的油氣田，通往俄羅斯濱海邊疆區（Primorsky Krai）的納霍德卡市，同時包括配套建設的煉油廠和專用石油碼頭。西太線和納霍德卡石油港的首期工程預計需要 60 億美元；西太線後續工程還包括濱海邊區阿爾謝尼耶夫煉油廠 20 億美元、薩哈共和國的天然氣管道 50 億美元、薩哈林州的天然氣管道 20 億美元，整個西太線總造價為 150 億美元，而當時俄羅斯僅靠伊爾庫茨克油田的銷售收入根本無法負擔整個工程預算。這同時也創造了中國開闢石油進口來源的契機。1994 年 11 月，中國石油公司與俄羅斯簽訂備忘錄，從東部西伯利亞的柯維汀斯克（Kovyktinskoye）油田鋪設管線，經由蒙古通往中國的華北地區，雙方於 1997 年 11 月中俄高峰會後簽訂了總經費 129 億美金的天然氣管線協定，預計 30 個月內完工，30年內每天天然氣供應達到 2 億立方公尺，其中 1 億立方公尺天然氣產量進口至中國，另外 1 億立方公尺則轉出口至南韓及日

---

[2] John Grace, *Russian Oil Supply: Performance and Prospects* (Northants, UK: Oxford University Press, June 2005), pp.264-269.

本[3]。中國藉由柯維汀斯克案的成功建立了中俄油氣合作的樂觀前景，尤其中俄陸地疆界相鄰，具有長期的交往歷史，若能成功建構中俄能源陸橋，不但有助於中俄兩國深化經濟合作與國防安全關係，而且中國將以柯維汀斯克模式作爲俄羅斯油氣資源通往亞太地區的轉口中心，進一步取得對中日韓能源合作體制的主導權[4]，其戰略意義不言可喻。

原本資金不足無疾而終的西太線因爲中方的資金挹注有了轉圜空間。俄羅斯於 1994 年提出了修建安加爾斯克到中國大慶（安大線）的構想，由中國石油天然氣集團公司和俄羅斯的管道運輸公司及尤科斯石油公司負責談判。安大線設計總長約 2260 公里，其中 800 公里在中國境內，預計耗資 25 億美元；俄方每年將向中國輸出原油 2000 萬噸，逐年增加到 3000 萬噸。按協議規定，雙方各自負責本國境內的管道建設，而俄方 1500 公里管線建設費用（17 億美元）的五成由中方貸款、爾後從石油銷售金額抵付[5]。安大線計劃對中俄雙方均蒙其利，中國高度的經濟成長保證了俄羅斯原油長期而穩定的銷售市場，有助於俄羅斯獲取資金、持續

---

[3] 1997 年 6 月，俄羅斯總理切爾諾梅爾金（Viktor Chernomyrdin）訪問北京，與中國領導人確認了合作柯維汀斯克案之共識，並促成了 5 個月後的能源高峰會。詳見：夏義善，「試論中俄能源合作的現況與前景」，《東北亞論壇》（吉林），2000 年第 4 期（2000 年 11 月），頁 31-34。

[4] Ni , Xiaoquan（倪孝銓）, "China's Security Interests in the Russian Far East ", in Iwashita Akihiro（荒井信雄）ed., *Siberia and the Russian Far East in the 21st Century: Partners in the "Community of Asia Vol.1 - Crossroads in Northeast Asia"*, (Sapporo, Japan: Hokkaido University Slavic Research Center, February 2005), pp.55-66.

[5] Philip Andrews-Speed, Xuanli Liao and Roland Dannreuther, *The Strategic Implication of China's Energy Needs*, p.36-37.

東部西伯利亞地區的能源開發，同時安大線長度較西太線縮短了
1500 公里，如果扣掉中方自建的 800 公里，俄方實際投入成本與
建設期程都將大為減少；中國也將因伊爾庫茨克原油的注入，確
保大慶油田相關管道網在油田盛產期過後仍得以發揮經濟效益，
況且華北地區原有管道建設完善，陸路進口原油後續工程成本低
廉，又能避免海路進口原油的運輸風險。

二、日本後來居上

　　中俄安大線歷經 9 年談判與評估後，卻被日本搶占先機，日
本前首相小泉純一郎於 2003 年 1 月 10 日在莫斯科與俄羅斯總統
普京簽署了「俄日能源合作計畫」，日本向俄羅斯提出修建安爾加
斯克到納霍德卡（安納線）的管道計畫，日本承諾每天從俄進口
石油 100 萬桶，並提供 50 億美元貸款協助俄羅斯開發油田及修建
輸油管道[6]。日本政府提出的安納線巧妙之處在於，它與俄羅斯原
有西太線規劃一致，符合俄羅斯最初設想開發東部西伯利亞與遠
東地區的利益，整個管道都鋪設在俄羅斯境內，對於濱海邊疆區
經濟幫助高於安大線。日本綿密的擴大對俄投資、經濟技術合作、
提供遠東地區管線建設資金等攻勢收到效果，俄羅斯聯邦安全會
議在 2003 年 11 月下旬召開的會議上決定改變安大線構想，把管
線的終點改在遠東的納霍德卡港[7]。
　　日本突如其來的參與和大手筆投資解決了西太線原來因資金

---

[6] 蔡偉，「中日俄管線之爭的背後」，《三聯生活週刊》（北京），總 258
期（2003 年 9 月 22 日），頁 22 至 27。

[7] Jonathan P. Stern, *The Future of Russian Gas and Gazprom* (Northants,
UK: Oxford University Press , October 2005), pp.141-142.

缺乏而不可行的問題，並且重啟遠東地區薩哈林州等其他地區油
氣資源的開發前景，更解決了普丁總統能源自主政策的財政困
擾；同時極其巧合地，安大線規劃者霍多爾寇夫斯基在一個月前
因逃漏稅事件而入獄[8]。安大線的修築問題也受到來自俄羅斯地方
政府強烈的保留意見，俄羅斯遠東地區官員曾經聯名上書中央政
府，要求放棄通往大慶的石油管線；對中國的能源陸橋規劃形成
了牽制。以遠東地區的阿穆爾州（Amur Oblast）和猶太自治州
（Jewish Autonomous Oblast）為例，安納線管道在這兩個州的長
度分別為 1500 公里和 300 公里；一旦安納線建成，遠東地區就能
在轉接點興辦石化廠區，為該地區創造就業機會和出口收入，到
2008 年濱海邊疆區可望成為財政自立的省份[9]。俄羅斯總統遠東
聯邦區全權代表伊斯卡科夫（Kamil Iskhakov）因此被日本的計畫
所吸引，以日本說客自居，大力支持修建安納線。俄羅斯濱海邊
疆區首長達里金（Mikhaylovich Darkin）也認為，安納線將使該

---

[8] 西方輿論普遍認為尤科斯事件與安納線取代安大線的政策轉變都
是普汀總統的縝密計畫，兩者間應該有因果關係，原本主導安納線
的尤科斯石油公司前總裁霍多爾寇夫斯基，在前總統葉爾欽當政時
期影響力極大，與中國往來密切，但是於 2003 年 10 月被控逃漏稅
下獄，導致計畫中止；普汀政府藉由收回安大線計劃阻斷民間石油
公司與中國的合作關係，同時扣押尤科斯名下資產，命令國營的國
家天然氣集團（Gazprom）與俄羅斯石油公司（Rosneft）接收尤科斯
的子公司尤甘斯克（Yugansk），由國家完全主導遠東地區油管運輸
計畫；詳見：Ingolf Kiesow, *China's Quest for Energy: Impact Upon Foreign
and Security Policy*, p.35；Robert L. Larsson, *Russia's Energy
Policy :Security Dimensions and Russia's Reliability as an Energy
Supplier* (Stockholm: FOI / Swedish Defense Research Agency, March
2006), pp.142-144；吳福成，「國際能源掃描」，《能源報導》（台北），
94 年 3 月號（2005 年 3 月），頁 39。

[9] Robert L. Larsson, op. cit., pp.244-245.

區增加 20%～25%外資，到 2008 年該地區國民生產總值年增長率
將達到 7%～8%，同時增加該地區對俄羅斯人的吸引力[10]。除了
地方政府施壓之外，俄羅斯採用泰納線還考量了成為能源大國的
強烈企圖，安大線供油可能受制於唯一出口的中國；而泰納線強
化了太平洋岸納霍德卡港的建設，同時為日本、韓國和中國等亞
太國家提供了比中東原油更節省運費與時間的來源，還可以越過
太平洋出口到美國西岸，強化俄羅斯在太平洋地區的影響力。俄
羅斯遠東地區油管計畫爭議如圖 3.1 所示。

資料來源：引用 liebigson 個人網站圖片，網址：http://blog.yam.com/
dili/archives/ 2213535.html

圖 3.1　俄羅斯遠東地區油管計畫爭議圖

---

[10] 蔡偉，「中日俄管線之爭的背後」，頁 24。

　　2005 年 4 月 26 日，泰納線獲得俄羅斯工業和能源部批准開工，預計總耗資約 204 億美元，每年供油能力將達 8000 萬噸（每日 168.7 萬桶），一期工程從西伯利亞中部的泰舍特另外興建管線連接到距中國東北邊境僅 60 公里的斯科沃羅季諾（Skovorodino），將於 2008 年 11 月 8 日正式交付使用，其年輸油能力將達 3000 萬噸，在斯科沃羅季諾還要興建專用天橋，讓油管通過鐵路運輸到石油中轉站[11]；不從安爾加斯克繼續鋪設的原因除了俄羅斯宣稱的地質原因外，徹底否決大慶支線修築的可能性，避免支線分散現有原油運輸能量，使得中國必須與日韓等國從納港接收石油。二期工程將鋪設從斯科沃羅季諾經過伯力到納霍德卡的管道，年輸送能力為 5000 萬噸，預計 2020 年安納線年輸送能力達到 8000 萬噸的預定目標[12]。以俄羅斯國內的共識，安

---

[11]　Jonathan P. Stern, op.cit. , pp.144.

[12]　日本所支持的安納線提升了俄羅斯的經濟自主性，但是施工難度與成本卻超過安大線許多。原本反對安大線的俄羅斯管道運輸公司，曾經受俄羅斯政府委託於安大線管道項目進行可行性研究。該公司另外動員技術專家在對安納線方案進行技術考察，即使盡可能地縮短管道里程，但至少 3765 公里的長度還是遠超過了安大線 2400 公里的距離，導致理論建設成本超過安大線一倍有餘。2005 年 9 月 5 日俄羅斯《獨立報》就有文章指出，安納線所經許多地區為地震活躍帶，在最危險的北貝加爾湖地震帶，安納線石油管道要通過長達 1100 多公里的 17 個地震活躍帶，其中發生 9 級以上地震危險的地區就超過 1000 公里，建設時程和成本無法預測和控制。同年 9 月 3 日俄羅斯《新聞時報》引述俄羅斯自然資源部副部長揚科夫在貝加爾地區環保會議的發言，一旦管道發生洩漏事故，將難以迅速處理。《獨立報》更以 1970 年代前蘇聯開始修建、至今尚未完工的貝加爾湖—阿穆爾鐵路為例指出，「（對於安納線）誰都不清楚該線路何時能夠開工，更不知一旦開工工程何時能夠結束」引述資料詳見：李雋瓊，「中俄石油管線三次改道，泰納線一期進中國」，《北京晨報》（北京），2006 年 1 月 11 日，版 5。

納線建成後雖可能打開遠東地區油氣市場，但每年輸油量至少要維持在 5000 萬噸才可抵上建設成本，因此安納線的前景還是得寄望東西伯利亞和遠東地區的油氣蘊藏，以兩區域 2004 年 13.6 億噸的已探明石油儲量而言，安納線要從每年 3000 萬噸的初期營運目標分階段達到每年 8000 萬噸，從 2008 年起算大約還可以支應 22 到 26 年，亦即安納線 2020 年的運輸最高峰之後該運量只能維持 8 到 14 年[13]。俄羅斯拒絕大慶支線的原因即在於避免分散安納線運輸能量以免不敷建設成本，即使大慶支線成本較低、回收較快，但是安納線的成敗在俄羅斯的石油戰略考量中顯然更為重要。

三、遠東油氣資源分配新局

　　從安納線一波數折的規劃與興建過程中觀察，中國與日本在俄羅斯遠東地區的競爭並未呈現勝負底定態勢。在油氣資源日益稀缺的國際能源市場，能源輸出國家的地位愈形重要，尤其石油輸出作為對外政策的武器，將有助於輸出國發揮經濟安全方面的影響力。俄羅斯已經意識到整合原有加盟國與西伯利亞管線、參與東亞地區經濟合作的重要意義[14]，因此俄羅斯把輸出能源視為參與建立東北亞區域合作體系的入門磚，其戰略目標轉變為憑藉著雄厚的自然資源輸出，在東亞與歐盟、與太平洋地區國家間發揮能源橋樑和樞紐作用。最早安大線的規劃固然解決了西太線資

<hr />

[13] 東部西伯利亞和遠東地區分別占俄羅斯國內油氣儲藏 4%、3%，國內最大的西部西伯利亞地區則佔 70%，數據資料引自：Claude Mandil ed., *World Energy Outlook 2004*, (Paris：OECD Publication Service, November 2004), pp.301-303.

[14] 王海運，「俄能源大棒打出聲威」，《中國石油石化》（北京），2006 年第 4 期（2006 年 2 月），頁 35-37。

金問題，但是在遠東地區石油輸出還必須透過中國，對俄羅斯而言便無法適切地發揮對亞太地區事務的影響力[15]。與其說日本在管線爭奪中擊敗中國、取得安納線營運權的參與機會，不如看成俄羅斯藉由日本資金贊助、追求能源輸出的自主權；俄羅斯在遠東地區開放中日兩國爭取各項合作計畫，維持中日的競爭平衡態勢反而能為俄羅斯地方政府帶來更多的商機。中國在安納線的挫敗，並不代表中國在俄羅斯遠東地區的能源佈局對日本居於下風，因為安納線出海口納霍德卡港距離中國極近，而且中國購買俄羅斯原油的機會是與日韓其他國家平等的。

中國在俄羅斯遠東地區的佈局受到日本的牽制，對中國建構石油安全體系未必是利空因素，雖然中國無法獨佔該區域能源輸出，但是俄羅斯維持中日雙方在該區域勢力平衡之後，中日兩國仍然獲取了比中東原油更安全的進口管道；而且中國歷經管線計劃落空的挫敗後，俄羅斯為維持安納線的正常運作，反而又開始爭取中國的資金及技術支援。首先是中俄兩國於 2000 年談定的柯維汀斯克管線案，俄羅斯政府已經研究該幹線延長到伊爾庫茨克油田中部的可行性，由於遠東地區油氣開發不足以支持安納線的運轉上限，俄羅斯官方希望利用國內蘊藏量最豐富的西部西伯利亞石油向東延伸挹注安納線運轉，並且改變伊爾庫茨克油田完全輸出至歐洲的現狀，發揮歐亞之間能源輸出樞紐的關鍵作用[16]；現有柯維汀斯克管線加壓站設施將投入俄羅斯西向運輸計畫，更鞏固了中國與俄羅斯的能源合作關係。

---

[15] Roland Dannreuther, "Asian security and China's energy needs International Relations of the Asia-Pacific ", pp.201-203.

[16] 田春生，「俄羅斯東北亞地區的能源戰略與中國的選擇」，《太平洋學報》（北京），第 12 卷第 6 期（2006 年 6 月），頁 49-50。

四、中國扳回一城

其次是俄羅斯與美日印三國合作的薩哈林島（中國稱爲庫頁島）的油氣合作案，薩哈林案分爲 5 個目標產區，預估石油蘊藏量 12.2 億噸、天然氣 2.97 兆立方公尺，原本高緯度地區氣候條件造成的成本劣勢因國際油價持續攀升而重新引發關注，如果獲得開發確認，等於是將俄羅斯遠東地區的油氣已探明儲量再加倍[17]。1 號與 2 號產區自 1999 年簽署開發協議之後，於 2003 年正式投產，日本政府基於確保能源穩定供給的考慮，希望將該項目所生產的 600 萬噸天然氣以修築 1500 公里管線或液體儲存船方式運送到日本，銷售給日本電力公司和日本煤氣公司。但是主辦合作案的埃克森美孚公司與俄羅斯政府談判卻因安全性、環境問題以及漁業談判等因素遲遲沒有進展，結果中國石油後來居上，與俄羅斯簽訂銷售協議，確定一號產區油氣將走陸路方式從安納線運輸供給中國東北地區，每年銷售數量爲 80 億立方公尺，加上俄羅斯自然資源部取消了 2 號產區的環境許可[18]，讓在薩哈林產區最

---

[17] John Grace, *Russian Oil Supply: Performance and Prospects* (Northants, UK: Oxford University Press, January 2005), pp.283-285.

[18] 薩哈林一號項目是俄最大的外商投資項目之一，該項目由美國埃克森公司(持股 30%)、日本薩哈林石油和天然氣發展公司(持股 30%)、印度石油天然氣公司(持股 20%)和俄羅斯石油公司(持股 20%)共同參與實施。項目主要內容是開發薩哈林沿岸大陸架上的柴沃、奧多普圖和阿爾庫通達吉 3 個油氣田，總投資超過 120 億美元；這 3 個油氣田的總石油儲量爲 3.07 億噸，總天然氣儲量爲 4850 億立方公尺。薩哈林二號項目投資額約爲 100 億美元；項目一期工程于 1999 年 7 月正式投產；2003 年 5 月，負責項目落實的薩哈林能源投資有限公司決定實施該項目二期工程。薩哈林二號項目的參與方爲英荷殼牌石油集團、日本三井物產株式會社和日本三菱商事株式會社，

大出資國日本受到挫敗。

　以普丁政府對境內石油公司的緊密控制，日本在薩哈林案的投資遭到中止可確定的是並非薩哈林投資集團所能決定，事實上早在2006年5月俄羅斯自然資源部曾就薩哈林案投資協議效力問題提交國家杜馬重議，並且就1號產區的漁業補償辦法與2號產區的環境評估多次退回埃克森美孚提案，當時就引起其他合資的英國與荷蘭油商嚴重抗議[19]。1997年在協議簽訂時國際油價維持在25美元的水準，俄羅斯認為日本的收購價格以現今標準而言過

該項目主要內容是開發皮利通-阿斯托赫油田和隆斯克氣田，石油儲量為1.4億噸，天然氣儲量為4080億立方公尺。薩哈林三號項目由兩部分組成：一部分是開發東奧多普圖和阿亞什油氣田，石油儲量為1.67億噸，天然氣儲量為670億立方公尺，參與方包括美國埃克森公司和俄羅斯石油公司；另一部分是開發基林油氣田，該油氣田石油儲量為6.87億噸，天然氣儲量為8730億立方米，參與方為埃克森-美孚公司、雪佛龍-德士古石油公司和俄羅斯石油公司'。薩哈林四號項目主要內容是開發施密特和阿斯特拉罕兩個油氣田，其石油儲量為1.2億噸，天然氣儲量為5400億立方公尺；2001年，英國石油公司和俄羅斯石油公司簽署了共同開發薩哈林四號項目區油氣田議定書。薩哈林五號項目的主要內容是開發位於薩哈林島東北部大陸架地區的東施密特油氣田，石油儲量為6億噸，天然氣儲量為6000億立方公尺，參與方為俄羅斯石油公司和英國石油公司，據悉鑽井作業將在2007年之前展開。詳見：陳其玨、孫曉旭，「中國拿下俄羅斯巨型油氣田項目，日本感到失望」，《東方早報》（上海），2006年10月26日。

[19] 這一提議嚴重威脅到了埃克森美孚和荷蘭皇家殼牌在該項目上的利益。在薩哈林1號項目上，埃克森美孚和合作夥伴已投入近50億美元，而荷蘭皇家殼牌為主的公司正對薩哈林2號項目進行200億美元的投資。另外俄檢察官在2006年9月19日曾威脅將暫停英俄合資企業TNK-BP開發科維克塔（Kovykta）的勘探執照。因此，撤消許可證的做法可能不是一個孤立的事件，詳見：Jonathan P. Stern, *The Future of Russian Gas and Gazprom*, pp.142-145.

低，要求重新談判而不得要領；石油交易本來就有風險趨避的考量在內，俄羅斯在石油現貨價格走揚的趨勢下以政治操作推翻舊有協議，違反交易精神的舉動無怪乎招致國際非議。日本出局另一個原因則是想要獨攬薩哈林地區油氣出口，牴觸到俄羅斯出口市場多元化的佈局；俄羅斯在石油價格上漲時推遲原有協議無非就是待價而沽，希望談到更有利的合作條件與拆帳比例，不肯配合讓步的日本就成了開刀對象[20]；而中國適時承接安納線轉運該區域油氣的銷售協議，正好與俄羅斯一拍即合。其實以俄羅斯在管線計畫簽署時反覆善變的態度看來，中日在遠東地區的能源競爭只是維持了平衡態勢，沒有任何一個國家可以獨佔該地的油氣資源。

五、結　語

　　中國在薩哈林案的搶佔先機並不代表對日本的管線競爭取得勝利，日本與俄國在北方領土爭議、薩哈林領海漁場劃分問題一直相持不下，此次中國的出線也不能排除是俄羅斯意圖藉此警告日本、不得在能源問題上討價還價；同樣地中國雖然與俄羅斯近年來各項政治與經濟合作日趨密切，並且已經建立起戰略夥伴關係，但是俄羅斯國內對於中國介入能源市場仍然有所戒心。例如2006 年 7 月俄羅斯國家石油公司（Rosneft）進行首次公開募股(Initial Public Offerings, IPO)，曾經提案出資 30 億美元購買Rosneft 股票的中國石油僅獲准認購 5 億美元的額度，俄羅斯政府仍然持有 75%的公司股票，當時官方的立場就打算對中國做出補

---

[20] Robert L. Larsson , *Russia's Energy Policy : Security Dimensions and Russia's Reliability as an Energy Supplier*, pp.242-244.

償，這也與薩哈林案的轉向不無關係[21]。由此可以看出俄國仍然抓緊國營石油公司主導權，利用各方角逐能源勢力的相互制衡，靈活地周旋於中國、日本、甚至是美國之間，以獲取資源開採的最大利益。俄羅斯可以因為日本提供低利貸款與合建濱海邊疆區經濟特區等附帶條件而推翻與中國的安大線協議，也可以因不滿意天然氣拆帳銷售條件而取消日本在薩哈林案的開採許可，因此俄羅斯將在遠東地區持續主導能源開發，並藉由變更合作對象的官方政策為該地區繼續爭取各項商機，所以未來如果中日兩國任何一方取得能源開發的進展，可以預見另一方也將因為平衡政策而取得其他成果，不至於有壟斷俄羅斯遠東地區石油資源的情形發生。

第二節　開拓中亞能源、促進西部地區發展

　　中亞位於歐亞大陸地理中心，自古以來即為歐亞絲路交會樞紐及戰略要衝，其位置與中國、俄羅斯、歐洲等世界強權的版圖接壤，中亞不但是強權國家互通對方的要道，更是自身邊防的屏障，一直是強權必爭之地。1992 年哈薩克、烏茲別克、吉爾吉斯、土庫曼、塔吉克等中亞五國分別從「前蘇聯」瓦解的浪潮中獨立出來，但仍然與俄羅斯合組獨立國協、並維持緊密的政治與經貿關係。在現今政治經濟局勢中，中亞不僅位處地理要衝，擁有承襲前蘇聯時期而來的航太、核武、生化及尖端軍備生產基地，並且石油與自然資源極為豐沛，因此政經地位非但不容忽視，未來

[21] Joanna Chung, "China and India eye Rosneft's IPO", *Financial Times*, June 15, 2006, p.C3.

其發展動向勢必將對全球造成相當的影響[22]。

一、哈薩克獨居樞紐位置

在中亞五國之中，面積最大的哈薩克擁有豐富的石油與煤炭資源，素有中亞聚寶盆之稱，2004 年的石油每日均產量爲 130 萬桶；人口最多的烏茲別克天然氣資源豐富，2004 年生產 558 億立方公尺，其次爲緊鄰伊朗的土庫曼，2004 年生產 546 億立方公尺[23]；目前中亞與中國較大的能源合作方案爲中國進口哈薩克原油與吉爾吉斯的水力發電。中國曾考慮興建從土庫曼到江蘇省連雲港的天然氣管線再延伸到南韓、日本天然氣市場的計畫[24]，中國石油天然氣總公司在 1992 年向土庫曼政府提案，1994 年國務院總理李鵬訪問土庫曼時簽約成立專責研究單位，隨後中國石油、三菱和埃克森公司進行可行性評估，規劃管線預計陸上長度爲6200 公里、海上爲 2300 公里[25]。但由於當時中國天然氣市場規模有限，家庭瓦斯成本又高於使用燃煤，故此計畫風險很大；然而隨著中國官方鼓勵家戶改變暖氣來源，與發展化學肥料支應農業需求的政策引導下，國內增加的天然氣需求使得土庫曼天然氣經

[22] 趙常慶，《中亞五國概論》（北京：經濟日報出版社，1999 年 9 月），頁 307-309。

[23] British Petroleum Company, *Putting energy in the spotlight: BP Statistical Review of World Energy June 2006*, pp.6-8, p.22.

[24] Bernard D.Cole, *Oil for the Lamps of China"— Beijing's 21st Century Search for Energy*, pp.19-20.

[25] 趙厚學，「伊朗等三國的石油業與中國石化」，《中國石化》（北京），1999 年第 9 期（1999 年 9 月），頁 36-37。

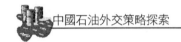

由新疆直接供應上海及華東地區的商機逐漸成熟[26]。

中國東西向油氣運輸的規劃一直不曾中斷，歐亞能源陸橋首次出現雛形是在 1997 年 6 月中國石油取得哈薩克亞賓斯克生產聯盟（Aktyubinskmunaigaz）60％股份時，聯盟在哈薩克石油業界具有舉足輕重的地位，它控制了哈薩克西北部已探明儲量 10 億桶、包括扎納諾爾（Zhanazhol）、肯基亞克（Kenkiyak）1 號以及 2 號等三個大油田[27]。中國石油決定到 2017 年為止將投資 43 億美元在三大油田開採上，中國石油公司更進行從阿克亞賓斯克銜接新疆塔里木油田管線，全長約 2800 公里輸油管建設工程的可行性研究，計畫估計花費 35 億美元，沿著隴海鐵路的方向向上海-華東地區供油，能提供哈薩克無須經過俄羅斯境內的出口線路[28]。1997 年 9 月中國石油提出優惠計畫競標哈薩克第二大、擁有 15 億桶探明儲量的烏山油田股份，中國石油在交易中出價 4 億美元，另同意支付開採權利金 8％的利息給哈薩克政府、承擔烏山油田的 600 萬美元貸款及石油人才培訓計畫 1000 萬美元計畫[29]。中國石油在這個計畫中成功關鍵在於，投資 11 億美元連接阿約克賓斯克、烏山經土庫曼到伊朗的輸油管線，投資案使得哈薩克除了對中國出口，還可以從波斯灣輸出石油，擺脫以往依賴俄

---

[26] 國家計委宏觀經濟研究院編著，《中國中長期能源戰略》，頁 90-94、頁 362。

[27] 詳見：John Grace, *Russian Oil Supply: Performance and Prospects*, pp.363-366；中國海外石油投資統計，網址：http://ics.nccu.edu.tw/cgr/asia_area.php?id=2。

[28] Erica Strecker Downs, *China's Quest for Energy Security*, pp.24-29.

[29] Bernard D. Cole, *"Oil for the Lamps of China"—Beijing's 21st-Century Search for Energy*, pp.19-20 .

羅斯轉口到歐洲的選項[30]。

二、中哈石油合作獲致具體成果

2001 年哈薩克在裏海的油氣資源探勘有了突破，發現儲量在73 億桶以上的大型油田，雖然還沒有進行商業性開採，但哈薩克的石油產量可望因此在 2010 年超過 7.3 億桶，裏海石油開發的前景為中哈石油管線的運作奠定了良好的基礎[31]。2003 年裏海通往哈薩克中部肯塔雅克（Kandagach）的管線完工，該路線成為中哈石油管線西段，哈薩克可以無須經由俄羅斯轉運石油，中哈石油合作進入實作階段[32]。2004 年 5 月，哈薩克總統納扎巴耶夫（Nursultan Nazarbayev）訪問中國，雙方決定開始建設中哈石油管線東段工程，由於東段起點阿塔蘇有鐵路通過，也是西伯利亞地區至土庫曼油管網路的中間站，從這裡修築通往中國的油管容易維持穩定的供油量[33]。

東段工程於 2004 年 9 月開工，2005 年 11 月竣工，管線建設所需的資金為 7 億美元，由中國和哈薩克各負擔 50%，石油來源

[30] Robert Priddle ed., *China's Worldwide Quest for Energy Security*, (Paris: OECD Publication Service, April 2000), pp.63-65.

[31] Jonathan P. Stern, *The Future of Russian Gas and Gazprom*, (Northants, UK : Oxford University Press, October 2005), pp.57-60.

[32] 王海運，「俄能源大棒打出聲威」，《中國石油石化》（北京），2006年第 4 期（2006 年 2 月），頁 36。

[33] 陳支農，「中哈油管 中國能源戰略非常通道」，《新西部》（西安），2004 年第 11 期（2004 年 11 月），頁 64-65。

則由哈薩克和俄羅斯各提供一半[34]。2006 年 5 月 25 日，西起哈薩克的阿塔蘇，東達中國新疆的阿拉山口，全長 962 公里的中哈石油管線東段正式對中國輸送石油，中國首次以管道方式從境外進口石油，並且輸送至新疆獨山子的石化園區進行煉製，管道設計容量每年可輸送原油 2000 萬噸，相當於中國進口石油量的15%[35]，中哈石油管線自西端哈薩克裏海的阿特勞起算長度為3000 公里；中國自哈薩克／土庫曼進口油氣管線輸送如圖 3.2 所示。

中哈石油合作前景並不只限於石油管線興建，由於裏海天然氣儲量約有 40 兆立方公尺，石油總儲量估計在 477 億至 1900 億桶之間；近 50% 蘊藏都集中在靠近哈薩克的大陸棚架，僅哈薩克的石油儲量就占世界的 3%，裏海周邊國家光哈薩克和亞塞拜然的已探明石油儲量就是美國的三倍[36]。一旦形成開發規模，哈國年石油產量上看 1.2 億噸，屆時中哈管線實際輸油能力可能倍增，每年 5000 萬噸運輸能力不再只是設想。目前中國從哈薩克斯坦進口的石油量很小，只有每年 400 多萬噸規模，一旦年進口量 5000萬噸的願景實現，等於為中國增加一個大慶油田的產量。中國石油天然氣集團公司 1997 年在阿克亞賓斯克生產聯盟投標中擊敗了俄羅斯石油和美國的德士古、亞美和等國際投標者，獲得油田承包權及輸油管道的修建權[37]，在國際上就已經引起了極大震

---

[34] 吳福成，「國際能源掃描」，《能源報導》（台北），2006 年 12 月號，頁 36

[35] 金燁，「哈薩克石油流進中國 開啟境外陸路管線供油時代」，《中華工商時報》（北京），2006 年 04 月 30 日，版 A3。

[36] Jonathan P. Stern, op. cit., pp.63-64.

[37] Tony Walker and Robert Corzine, "China Buys \$4.3bn Kazak Oil Stake ", *Financial Times* , 5 June 1997, p.9.

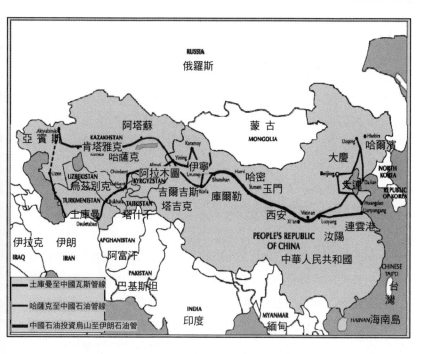

圖片來源：Robert Priddle ed., *China's Worldwide Quest for Energy Security*, p.65.

圖 3.2　中國自哈薩克／土庫曼進口油氣管線輸送圖

動；此次投標不僅是中國最大的海外投資，而且象徵中國轉變爲
石油進口國之後，除了單純購買石油外，在中亞裏海地區結合外
交手段推行長期的石油戰略。其具體作法爲中哈兩國從油田開發
與興建管線的合作基礎出發，逐步建立更深入的石油供需體系；
中國早於俄羅斯一年於 2004 年 5 月 19 日與哈薩克發表聯合聲
明，其中就提到「雙方一致認爲，地理相鄰和經濟高度互補是兩
國在石油天然氣領域密切合作的前提。……哈方支持中方石油企
業參與裏海的油氣探勘和開發，雙方將共同努力儘快建成阿塔蘇

一阿拉山口石油管道,並落實相關油田開發項目。」[38];在2005年的「上海合作組織」元首會議之後基於聲明精神,中國石油於2005年9月與哈薩克簽署備忘錄,兩國繼1997年阿特勞區塊開發案後再次合作,共同進行裏海地區達爾漢區塊的前期探勘工作。中國石油在2005年10月又成功收購哈薩克斯坦ＰＫ石油公司與所屬產區,為中國石油獲取更多的哈薩克石油提供進一步的管道[39]。

三、採取出口夥伴策略

中亞是典型缺乏出海口的內陸區,因此各國的共同特點為必須經由其他國家獲得出口通道、與世界市場建立緊密聯繫;裏海周邊國家除了伊朗外都不是石油輸出組織會員國,這些國家又急需資金恢復其失調的經濟,所以需要引進國際資本開發油氣資源的管道。從地緣經濟角度看來,中亞除了原有出口俄羅斯與歐洲市場之外,向南的印度次大陸、向東的歐亞陸橋通往亞太市場都應該積極發展,中亞各國首要任務是充分利用位居歐亞大陸中央的地理優勢,積極開拓能源出口多元化。以哈薩克為例,政府一直將尋求出海口和通往國際市場的安全通道視為國家發展的最高目標,關係到能否藉由豐富的油氣資源帶動國家經濟,因此石油外銷作為支柱產業決定了哈薩克國家的未來發展。目前哈薩克大部分石油的出口是從俄羅斯經裏海石油管線至歐洲能

---

[38] 以中國最大的大慶油田2004年總產量5220萬公噸為計算基準,詳見:陸委會經濟處,「中國大陸原油需求與油源外交之研究」,《兩岸經濟統計月報》(台北),第153期(2005年7月),頁70。

[39] 劉樹鐸,「中亞落子 中國海外能源力拓版圖」,《中國經濟時報》(北京),2005年11月9日,版2。

所有的雞蛋都放在一個籃子裏[40]。中國對石油與日劇增的需求確
保了中哈管線運轉的商業前景，加強發展與中國的供需合作關係
後，哈薩克石油除了大規模進入中國市場，還可以從中國東部沿
海港口運至韓國、日本等地，發展供應亞太地區國家的商機，也
因此得以吸引中國及各國投資其他出口管道，加速境內石化工業
與鑽探能力的升級。

　　中國在中亞地區推展石油外交得以勝出的條件，除了透過區
域組織強化經貿合作關係外，還充分體現該區域的政治現實，提
供出口國雙贏的方案規劃[41]，例如烏茲別克盛產天然氣而缺乏石
油，在國際事務上與哈薩克互相爭奪中亞領導權，頗有相互較勁
意味，哈薩克則是盛產石油、天然氣有待開發。加盟共和國時代
中亞國家油氣資源受蘇聯中央統籌調配，獨立之後極欲追求能源
自主，中國利用靈活的外交手腕與發展成熟的管道技術在此間穿
針引線後，中國石油在烏茲別克興建的天然氣管線經哈薩克到新
疆，而哈薩克亞賓斯克與烏山油田通往伊朗的南向管線也經過烏
茲別克，烏哈兩國得以加強能源互補，多線管道讓雙方開拓出口
市場各取所需[42]。同樣的互補情形還包括了中亞五國當中深受伊
斯蘭文化影響的土庫曼，該國因地緣關係與伊朗走的很近，哈薩

[40] 中國在哈薩克向亞太地區開拓石油出口市場所扮演的關鍵性角色
分析另見：Philip Andrews-Speed , and Sergei Vinogradov, "China's
Involvement in Central Asian Petroleum: Convergent or Divergent
Interests? " , *Asian Survey*, vol.40, no.2 (March /April 2000), pp.
377-397.

[41] James P. Dorian , Utkur Tojiev Abbasovich , etc., "Energy in Central
Asia and Northwest China: major trends and opportunities for regional
cooperation", *Energy Policy* , 1999 (27), pp.281-297.

[42] 陳支農，「中哈油管 中國能源戰略非常通道」，頁 64-65。

克的南向管線經過土庫曼之後，哈薩克增加了伊朗轉運的市場，土庫曼也因該條管線輸出天然氣並獲得哈薩克的石油供應[43]。

　　中國若能協助中亞五國發展對外管線，當然是最大的贏家，因為新疆地區得以接收中亞油氣資源，同時創造與出口國的雙贏關係；而美國發展土耳其管道又極力排斥伊朗介入[44]，承繼前蘇聯壟斷中亞至歐洲管線的俄羅斯使中亞五國始終懷有戒心，身段靈活的中國因此獲得更寬廣的發展空間。單就解決油氣供應安全問題而言，中哈與中烏的油氣幹線作為彌補石油海運路線的風險具有一定的效果，也與中國發展進口來源多元化的能源安全政策方向一致。從更高層次的國家安全格局來說，中亞國家自前蘇聯獨立之後，中國與軍力強大的俄羅斯原有疆界大為縮短，取而代之的是威脅性較低的前蘇聯加盟共和國，有助於中國推動對中亞關係、強化新疆地區局勢安定[45]；中國與哈薩克、吉爾吉斯、塔吉克陸地疆界相連，邊境貿易從絲路時代以來相當興盛，中亞國家也亟思利用油氣資源輸出來改善經濟狀況，因此軍事衝突的敏感性不如中國與前蘇聯時代的劍拔弩張[46]。

---

[43] 行政院大陸委員會經濟處，「中國大陸原油需求與油源外交之研究」，頁70。

[44] Andrea R. Mihailescu, "Despite sanctions, U.S. allies aid oil, gas pipeline projects", *The Washington Times*, June 29, 2005, p.15.

[45] James P. Dorian, Utkur Tojiev Abbasovich, etc., op. cit., p.284.

[46] Kong Bo, *An anatomy of China's Energy Insecurity and Its Strategies*, pp.33-35.

四、油氣合作案經濟效應

　　中亞能源陸橋爲嶄新的雙邊關係建立了良好互動基礎，爲中國帶來的正面效果又可分爲經濟效益與內政效益兩個面向來分析。中亞進口油氣資源對中國的經濟效益，主要是中國新疆地區石油開採與西油東運的運作前景。中國對新疆地區的石油開發早從 1960 年代後期就已展開，比大慶油田的開發還早了 2 年，但是新疆地區的產油量一直與東北地區（大慶及遼河）、黃淮平原（勝利）無法相提並論。地質專家測定中國的石油蘊藏量應爲 330 億桶，其中西部地區佔了 52%，亦即 171 億桶，天然氣蘊藏量更達到 3.5 兆立方公尺，所以新疆地區是處於高潛力低產出的狀況[47]。中國在 1993 年開放國際資本與技術進入大西部地區時，預期石油出口能爲新疆帶來振興經濟的效應；原本中國石油預計 2000 年時西部應該達到 2.5 億桶的年產量，才能彌補佔全國 85% 供給的東部油田，其產量下降後對中國能源安全的衝擊。但是西部油田在 2000 年的總產量只有 2 億桶，考量到 1995 至 2000 年的年增率爲 5.6%，其發展潛力跟東部油田 2000 年之年均產量 10 億桶的差距還是很大，能否作爲 21 世紀中國石油生產重心其實不無疑問[48]。

　　西部油氣開發的現狀不盡理想，將大幅增加長達 4000 公里東西管線運輸成本風險；以國內面積最大的油田塔里木盆地爲例，預估石油蘊藏量爲 80 億桶，天然氣蘊藏量爲 5000 億立方公尺，

[47] Philip Andrews Speed, Xuanli Liao and Roland Dannreuther, *The Strategic Implication of China's Energy Needs*, pp.27-28.

[48] Allen Blackman and Xun Wu , " Foreign direct investment in China's power sector : trends , benefits and barriers", *Energy Policy*, vol.27, no. 12 (1999) , pp.695-699.

是新疆四大盆地區中（準葛爾、吐魯番－哈密、塔里木、柴達木）最被看好的產區；因此歐美油商都積極地想進入該地探勘，但塔里木盆地 2004 年年產量只有 1.6 億桶，無法取代年產量 4 億桶的大慶油田。塔里木盆地開發不如預期的原因有三點：第一，地層結構複雜，含油層分散且深度大，增加探勘成本與難度；第二，氣候環境惡劣、日夜溫差大，不利基礎工程進行，當地電信和道路設施覆蓋率不夠；第三，政府將此地豐富蘊藏量視為戰略上的必爭之地，沒有完全開放外國油商進入，中國國務院直到 1993 年 2 月才首次批准將塔里木盆地東南方、面積 72,700 平方公里的 5 個礦區對外招標，日本丸紅（Marubeni）、英國佩坦（Pecten）、沙烏地亞美和（Aramco）與法國道達爾（Total）共投資 50 億美元[49]。有研究指出，這些礦區公開標售是因為探勘問題難以突破，油氣較多的地層帶仍然掌握在中國石油的手裡，遇到瓶頸時才會考慮對外合作[50]。

　　西部遠離東南沿海的主要市場，本身居民稀少，唯一的資源稟賦石油產量成長有限的情況，不確定的開發效益使外資在投入時頗有疑慮，連帶影響到公路、電信、鐵路、煉製廠等基礎建設缺乏資金挹注的進展，甚至將削弱振興經濟的效果[51]。但是中亞油氣管線的運轉在 2006 年帶來 3000 萬桶的進口量，由於哈薩克石油開發前景樂觀，未來管線運輸量極有可能達到 1.5 億桶的設

---

[49] Mehmet ÖGÜTÇÜ, "China's Energy Future and Global Implications" in Werner Draguhn and Robert Ash ed., *China's Economic Security,* pp.123-125; Erica Strecker Downs, op. cit., pp.45-51.

[50] Allen Blackman and Xun Wu, "Foreign direct investment in China's power sector: trends, benefits and barriers", pp.704-706.

[51] 劉樹鐸，「中亞落子 中國海外能源力拓版圖」。

計上限，等於現有塔里木油田產量往上翻一番[52]；新疆到上海華
東地區的東西管線因哈薩克進口原油挹注，促使運輸量成為原有
依賴新疆油田的兩倍，因此攤提運輸成本，同時烏魯木齊、獨山
子等石化園區的提煉能力得以提升，新疆地區石油開發效益將獲
得基本保障。隨著國際油價長期走高的趨勢，原本中亞地區深處
內陸沙漠地區、管道運輸里程與中東海運維護成本偏高的劣勢也
迎刃而解[53]，管線造就新疆身居中亞油氣轉運樞紐地位，並促使
石化工廠作為支柱產業，新疆地區經濟可望大幅改善。

五、油氣合作案政治效益

　　從內政觀點來看，透過鐵路車站與加壓站的共構，管線計畫
加強了中國東西部交通聯繫，中央政府因此增強對西北邊疆的掌
握。蘇聯自 1920 年代以來就暗中支持東突厥獨立運動，中國石油
在政府授意下對俄羅斯與哈薩克政府高層施以政治捐獻，除了有
助油氣合約簽訂外，更希望石油外交能促成中國中亞邊區的政治
穩定，從國際上牽制疆獨勢力，壓制東突獨立運動[54]。新疆人口
46％是維吾爾族，無論在語言或是伊斯蘭文化認同都比較接近中
亞國家，1933 年維吾爾族以及 1944 哈薩克族裔在蘇聯支持下爆
發「阿山暴動」與「伊犁暴動」，試圖脫離中國獨立，所以中國政

---

[52] 金燁，「哈薩克石油流進中國　開啟境外陸路管線供油時代」。

[53] Claude Mandil ed., *World Energy Investment Outlook 2003 Insight*
(Paris：OECD Publication Service, November 2003), pp.153-155.

[54] 張文木，「美國的石油地緣戰略與中國西藏新疆地區安全——從美
國南亞外交新動向談起」，《戰略與管理》（北京），第 41 卷第 2 期（1998
年 4 月），頁 100-104。

府一直以來對於新疆的少數民族問題戒慎恐懼。在 1980 年代之後，維吾爾族與漢族之間的種族衝突不斷增加，北京當局極力阻止維吾爾自治區的分離意識，不僅是塔里木盆地擁有豐富的自然資源，為中國向亞洲中心發展的地緣屏障，更因為中國政府深怕東突獨立思潮會擴散到西藏與青海地區維吾爾裔族群[55]，引發西北地區脫離中央的民族主義訴求。中國與中亞國家的能源合作促成了新疆地區的經濟發展，從政治意義而言，是希望以經濟誘因拉攏維吾爾族群對中央政府的向心力，並且吸引內地石油工人移入、稀釋維吾爾族群的影響力；拉高到國際觀點則是以石油外交削弱中亞國家對東突運動的同情與支持，因此中亞油氣管線之建構鞏固了新疆與內地省份的市場聯繫、降低維吾爾社群的國際聯繫，為中國帶來強化統治正當性的政治利益。中國透過國際政治手段拉攏中亞國家打擊分離主義份子的方式，還包括了從區域組織途徑建立反恐合作機制，將於下節說明。

第三節　上海合作組織鞏固能源陸橋

　　中國為分散中東原油運輸風險，積極發展陸地石油進口管線。以目前發展成果而言，中國所建構的歐亞能源陸橋包含了投資俄羅斯遠東地區安納線、哈薩克／烏茲別克油氣管線兩大部分，向歐亞大陸地緣中心所發展的石油合作與睦鄰外交相結合，構成了石油安全複合體系的陸地面向：穩定的鄰國政治環境與石油合作計畫的相互增強。中國與日本、俄羅斯、中亞國家環繞著歐亞大陸中心逐漸形成了經濟、政治、軍事利益緊密相關的安全社群，中國在此間為邁向更高層次的安全複合體所做出的外交努

---

[55] Erica Strecker Downs, *China's Quest for Energy Security*, pp.24-28.

力，尤其以上海合作組織的建立最具有代表性。在地緣政治運作層面上，歷經能源角力逐漸成形的中國、俄羅斯、中亞的油氣合作三角體系，除了日本角逐油氣資源的外在競爭外，俄羅斯試圖以能源輸出為槓桿重新取得區域的主導權、中亞國家發展油氣出口市場多元化，中國追求穩定周邊環境與油氣資源之雙重目的，都是上海合作組織國家互動的決定性因素與今後觀察重點。

一、組織概況

上海合作組織 (Shanghai Cooperation Organization ,SCO) 的前身是由中國、俄羅斯、哈薩克、吉爾吉斯斯坦和塔吉克組成的上海五國會晤機制，2001 年 6 月 14 日，烏茲別克加入「上海五國」元首在上海舉行的第六次會晤，隔日六國元首簽署了《上海合作組織成立宣言》，宣告上海合作組織正式成立，前述六國即為正式的會員國。成員國之後從 2001 年 9 月的首次總理定期會晤機制開始，陸續於 2002 年 6 月通過《上海合作組織憲章》，對上海合作組織的宗旨原則、組織結構、運作形式、合作方向及對外交往等原則作明確闡述[56]。上海合作組織的最高決策機構是成員國元首理事會，每年輪流在各成員國舉行高峰會，各國總理理事會亦為每年一次，就組織框架內決定多邊合作的發展策略，解決經濟合作等領域原則和相關問題，並批准組織年度預算；組織內兩

---

[56] 上海合作組織成立憲章明定組織宗旨為加強各成員國之間的相互信任與睦鄰友好；鼓勵各成員國在政治、經貿、科技、文化、教育、能源、交通、環保及其它領域的有效合作；共同致力於維護和保障地區的和平、安全與穩定；建立民主、公正、合理的國際政治經濟新秩序。上合組織相關成立背景資料取材自官方網站：http://www.sectsco.org/home.asp。

個常設機構分別是北京的秘書處和塔什干（Tashkent）的地區反恐怖機構（Regional Anti-Terrorist Structure , RATS），秘書長與執行委員會主任均由元首理事會任命，首任秘書長為前中國駐俄羅斯大使張德廣[57]。在元首理事會下分別設有外長、經濟、交通、文化、國防、執法安全、監察、民政、邊防等年度定期會晤機制與成員國國家協調員理事會。組織對內遵循「互信、互利、平等、協商、尊重多樣文明、謀求共同發展」的「上海精神」，對外奉行不結盟、不針對其他國家地區開放原則[58]。經貿合作方面，已經簽署了《上海合作組織成員國多邊經貿合作綱要》和細部計畫，成立了品質檢驗、海關、電子商務、投資促進、交通運輸、能源、電信 7 個專業工作組共 127 個專案，負責研究和協調相關領域合作。

在上海合作組織框架內推進多邊能源合作，已經形成中國對俄羅斯與中亞開展的能源外交以至於經貿合作之主軸，年度元首理事會均探討成員國深化能源合作的可能性，基於中國在區域內日趨擴大的能源需求，總理理事會與經貿部長會議更陸續簽訂相關計畫。中國大陸與俄羅斯於 2005 年 7 月 3 日元首理事會會後共同發表「中俄聯合公報」，其中指出在中俄雙方共同努力下，中俄政治互信已上升到新水平，兩國戰略協作夥伴關係進入新的發展階段，並強調能源合作對提高中俄經貿合作整體水平具有重要意義[59]。2005 年 10 月 26 日，成員國總理理事會在莫斯科召開，會

---

[57] 趙華勝，「中亞形勢變化與上海合作組織」，《東歐中亞研究》（北京），2002 年第 6 期（2002 年 12 月），頁 57-58。

[58] 資料取材自上海合作組織官方網站：http://www.sectsco.org/home.asp。

[59] 行政院大陸委員會經濟處，「中國大陸原油需求與油源外交之研究」，頁 69。

中各國總理特別強調了油氣開發合作和管道建設的重要性，並責成經貿部長會議在成員國及秘書處參與下，研究儘快建立燃料—能源綜合體工作小組問題[60]。上海合作組織也突顯中國結合中亞國家油氣出口邁向國際市場的作用；2005 年 11 月 10~11 日，上海合作組織首次與聯合國亞太經社理事會、中國國家開發銀行和博鰲亞洲論壇等國際組織和金融機構，聯合舉辦了第一屆歐亞經濟論壇，論壇內的能源會議特別就維護歐亞能源安全、協調本地區各國能源政策、提高能源有效利用率等問題進行了探討。2006年元首理事會聯合公報指出，各方同意將能源、資訊技術和交通列爲經濟合作的優先方向，目前已具備法律基礎和組織機制，多邊經貿合作綱要及後續措施已進入具體示範性項目的階段[61]。

二、以觀察員機制擴大交往

　　上海合作組織自 2001 年成立以來，國家成員的組成與議程運作呈現了重要的三項特徵。第一，周邊各國加入組織觀察員角逐地緣利益。組織成員國總面積 3000 多萬平方公里，約占歐亞大陸的五分之三；人口 14.9 億，約占世界人口的四分之一；成員國邊界彼此相鄰，藉由組織的成立加強安全對話與經貿合作的前景，並初步建立歐亞大陸中心區域能源開發與軍事行動的協調機制，其地緣影響力因此吸引了蒙古、巴基斯坦、伊朗、印度陸續加入爲觀察員。聯合國經濟及社會理事會（United Nations Economic

[60] 錢學文，「中國能源安全戰略和中東、里海油氣」，《吉林大學社會科學學報》（長春），第 46 卷第 2 期（2006 年 3 月），頁 39-44。

[61] 韓立華，「上海合作組織框架下多邊能源合作的條件與前景」，國際石油經濟（北京），第 14 卷第 6 期（2006 年 6 月號），頁 3-6。

and Social Council, ECOSOC）所推動的泛亞鐵路規劃，從中國新疆建築貫穿吉爾吉斯、烏茲別克、哈薩克直到俄羅斯歐洲地區的鐵路已經進入連結階段，配合原有中哈／中烏油氣管線的鋪設，以及江蘇連雲港直通德國與法國的新絲路計畫，將確立中亞地區的交通樞紐前景[62]。外界高度看好今後的貨物運輸及經貿商機，從交通樞紐所延伸出的能源開發、軍事合作、經貿往來、安全對話等效益開展後，上合組織儼然成爲歐亞大陸地緣政治中心，各成員國及蒙古、伊朗、印度和巴基斯坦等觀察員國，對開展區域能源一體化合作有著強大需求，資源稟賦的互補性構成能源開發等各項區域多邊合作的基礎，周邊國家積極爭取加入成爲觀察員國用意也在於此。

就個別國家而言，伊朗與巴基斯坦均極力競爭中亞地區油氣出口的轉運利益，同時尋求參與獨聯體國家經貿體系的商機[63]，伊朗總統內賈德（Mahmoud Ahmadinejad）更是自 2003 年後每年參加元首理事會，將開展對中俄的油氣合作與推動亞塞拜然、哈薩克、塔吉克等裡海沿岸國家高峰會議視爲突破美國外交封鎖之契機[64]；而印度也希望藉由觀察員資格建立與中亞國家對話管

---

[62] 泛亞鐵路案最近的一次專案會議係聯合國經濟及社會理事會於 2006 年 11 月 10 日於韓國釜山舉辦，研究四項提案可行性；詳見：David Fullbrook, "Pan-Asian railway set in train", *Asia Times*, Jan 25, 2005；魏國金，「泛亞鐵路 18 國聯手打造」，《自由時報》（台北），2006 年 11 月 11 日，版 12。

[63] Ziad Haider, "Baluchis, Beijing, and Pakistan's Gwadar Port", *Georgetown Journal of International Affairs*, vol. 6, no.1 (Winter/Spring 2005), pp.95-103.

[64] 內賈德於訪問上海期間曾就伊朗至巴基斯坦和印度之間天然氣導管工程，與俄羅斯天然氣工業股份公司（Gazprom）及中國石油公司（CNPC）尋求合作機會，美國則擔心伊朗與中俄之間能源合作項目

道，爭取國家石油公司合作計劃、開拓油氣進口來源[65]。從上海
合作組織逐年增加的能源合作議題來看，中國藉由上海合作組織
作為對俄羅斯、中亞國家發展各項關係的平台，從而創造有利於
確保大西部邊境安全的地緣政治環境，中亞周邊國家亦爭相加入
參與能源開發商機，中國得以開拓與觀察員國及西亞其他區域組
織往來的管道，將油氣管線計劃延伸入西亞的巴基斯坦、伊朗等
國家[66]，對中國推展能源合作具有正面的影響。

三、突顯反恐議題

　　第二項特徵是強調區域內國家反恐合作機制。早在上海合作
組織成立的 2001 年 6 月 15 日，《打擊恐怖主義、分裂主義和極端

將擴及核能科技而反對伊朗外向的油氣合作計畫；詳見：Simon
Tisdall, "Bush Wrong- footed as Iran Steps up International Charm
Offensive", *the Guardian /UK edition*, June 20, 2006.

[65] Peggy Falenheim Meyer, "The Russian Far East's economic
integration with Northeast Asia: Problems and Prospects", *Pacific
Affairs* , vol.72, no. 2 (Summer 1999), pp. 223-224.

[66] 除了上海合作組織，伊朗目前是俄羅斯和哈薩克所主導的五國關
稅同盟暨歐亞經濟共同體（Euro-Asia Economic Community, EAEC）
與中西亞經濟合作組織（Economic Cooperation Organization, ECO）
的會員國，伊朗與哈薩克主導的亞洲相互協作與信任措施會議
（Conference on Interaction and Confidence-Building Measures in Asia,
CICA）也有上海合作組織會員國陸續加入會員或觀察員，現今中亞
地區國際組織成員與議題設定已逐漸重疊。詳見：Shirin Akiner,
"Regional Cooperation In Central Asia", in Patrick Hardouin, Reiner
Weichhard, Peter Sutcliffeed, *Economic Developments and Reforms In
Cooperation Partner Countries: the interrelationship between regional
economic cooperation, security and stability* (Brussels: NATO
Publication Service, July 2002) , pp. 204-205.

主義上海公約》便與組織成立宣言同時簽署，作爲上海合作組織兩項常設機構之一，總部設在烏茲別克斯坦首都塔什干的地區反恐怖機構於 2004 年 6 月正式啓動，具有獨立的法人地位，擁有簽定協議、開設銀行帳戶持有財產等權力，主要任務包括：就打擊恐怖主義、分離主義、極端主義與聯合國安理會、其他國際和地區組織保持工作聯繫，共同致力於建立應對全球性挑戰與威脅的反應機制，收集和分析成員國提供的相關資訊；首任執委會主任爲烏茲別克藉維傑‧凱西莫夫（Vycheslav Kasymov）[67]。反恐機構日常運作爲成員國間政治磋商、協調法律的制訂、情報資訊交流與合作執行取締行動，如遇重大突發事件則召開六國外長緊急會議商討對策，協調以外長聲明的形式闡述上海合作組織對事件的立場。中亞地區所面臨的恐怖主義威脅，第一類是以民族主義爲基礎的分離主義，以策動族群獨立來建立民族國家，中國新疆分離主義運動和俄羅斯車臣獨立運動激進分子，在境內製造的多起暗殺、綁架、爆炸和顛覆等恐怖攻擊屬於此類；第二類是傳揚伊斯蘭原教旨主義，其中影響最大的是烏茲別克伊斯蘭運動（Islamic Movement of Uzbekistan, IMU）和伊斯蘭解放黨（Hizb-ut-Tahrir），IMU 一直被視爲激進的伊斯蘭組織，其最終目標是結合塔吉克、吉爾吉斯、車臣、阿富汗等國家內恐怖組織建立政教合一的伊斯蘭國家[68]。中亞恐怖主義雖然區分爲上述兩

---

[67] 詳見：Roger McDermott, "Uzbekistan Hosts Anti-Terrorism Drills", *Eurasia Daily Monitor*, vol.3, no.50 (March 14, 2006)；Gawdat Bahgat, "Oil and Terrorism: Central Asia and the Caucasus ", *The Journal of Social, Political, and Economic Studies*, vol.30, no. 3 (Fall 2005)，pp.265-267.

[68] Ahmed Rashid, *Jihad: The Rise of Militant Islam in Central Asia* (New Haven: Yale University Press, January 2002)，pp.175-177.

個類型，但實際上是聲氣相通、彼此相互奧援的，由於難以見容於中亞世俗政權，因而其活動呈現跨國流竄特質，不但在其他國家受到庇護或財政支援，各組織人員訓練與軍事行動亦常有相互合作[69]。

　　反恐機構合作在上海合作組織內起了重大作用原因在於，會員國當中的烏茲別克、塔吉克、吉爾吉斯擔憂激進宗教組織 IMU 與分離運動份子的結合將危及世俗政權統治的正當性，俄羅斯、中國也希望藉由 RATS 的運作切斷伊斯蘭團體對車臣與東突的支援。2003 年 8 月 6 日至 12 日，中國、哈薩克、吉爾吉斯、塔吉克舉行「聯合 2003」多邊聯合反恐演習，這是中國與中亞國家首次從軍事演習層次實踐情報共用，聯合指揮反恐特種作戰行動，並嘗試指揮體系交流與多國聯合部隊編組[70]。中國向來對於境內分離主義團體打擊不遺餘力，但牽涉到境外人員活動多有鞭長莫及之感，因此在上海合作組織成立之初便堅持將東突分離運動認定為恐怖主義團體，雖然反恐機構基於睦鄰友好的上海精神而對阿富汗境內塔利班政權等恐怖組織缺乏具體行動[71]，但是中國透過情報交流和聯合軍演方式阻卻中亞國家對東突團體的支援，經由國際合作來防止新疆分離主義勢力日趨坐大，上合組織在反恐合作方面就已經達到中國的設定目標。

---

[69] 張雅君，「上海合作組織反恐實踐的困境與前景」，收錄於邱稔壤編，《國際反恐與亞太情勢》（台北：政治大學國際關係研究中心，民國 93 年 7 月），頁 85-113。

[70] Gawdat Bahgat, " Oil and Terrorism: Central Asia and the Caucasus", pp. 277-281 .

[71] Mohan Malik, *Dragon on Terrorism: Assessing China's Tactical Gains and Strategic Losses Post-September 11* (Hawaii: Strategic Studies Institute of the U.S. War College, October 2002) , pp.33-35.

四、美國被拒於門外

第三項特徵是排除美國參與組織事務。上海合作組織締建的基礎原為中國分別與前蘇聯國家削減邊境武裝力量,並建立軍事互信機制的相關談判,雖然上海五國在 1998 年之後已經轉向為多邊安全合作形式,但是中國與俄、哈、吉、塔的雙邊關係仍然持續原上海五國所呈現的「五國兩方」會談精神。上海合作組織合作議題的擴展明顯是由中國與四國密切的雙邊互動而達成,例如深化中俄戰略伙伴協作關係,或是中國、哈薩克、塔吉克在 1998 年簽訂的國界補充協定與長期經濟合作計畫,中國推動的雙邊合作對維繫上海合作組織具有極重要的凝聚力[72],也因此「上海合作組織憲章」中強調相互尊重各國主權與領土完整、不干涉內政、不使用武力威脅,和平解決成員國間分歧的「上海精神」其實是反應了中國固有的外交思維。尤其俄羅斯影響力未若前蘇聯時代軍事及政治上的超強地位,中國因經濟實力得以在組織的多邊合作架構中居於主導態勢,並且藉由俄羅斯的合作圍堵美國在中亞的勢力擴張[73]。

但是 911 事件美國透過阿富汗戰爭駐軍中亞後,與烏茲別克簽署《戰略協作夥伴與合作協定》並提供上億美元援助,也在哈薩克取得緊急時使用空軍基地的權利,增加駐阿富汗部隊至 8 萬

---

[72] 張雅君,「上海五國安全合作與中共的角色」,《中國大陸研究》(台北),第 46 卷第 6 期(民國 90 年 4 月),頁 42-44。

[73] Richard Weitz, "Why Russia and China have not formed an anti-American alliance", *Naval War College Review*, vol. 56, no. 4 (Autumn 2003), p.44.

人以上，據此將中亞納入美國的全球安全架構之中[74]，相較於中國的外交協商途徑，美國藉由駐軍支援反恐及打擊分離運動之戰略優勢立即顯現。美國以軍事手段推翻阿富汗塔利班政權，掃除了中亞世俗政權的最大安全威脅，並運用軍事和經濟援助作為取得中亞國家合作，中亞各國基於改善國內經濟問題，也普遍樂於接受美國以基地換取援助的政策[75]。

　　為避免美國在中亞的勢力擴張危及原有外交經營，中國再次重申上海精神防止單邊軍事優勢、不結盟的原則，拓展上海合作組織議題合作的同時，藉機排除美國參與組織事務。例如舉辦多邊聯合反恐演習「聯合 2003」時拒絕美國派遣顧問團，也運作駁回美國加入組織觀察員申請。上海合作組織得以排除美國勢力的關鍵在於烏茲別克態度的轉變：烏國總統卡里莫夫（Islom Karimov）原本極力支持美國在當地的反恐戰爭並退出「聯合 2003」演習，但是美國幕後策劃吉爾吉斯顏色革命，而後譴責烏國安集延（Andijan）暴動事件的舉動引發卡里莫夫危機意識，轉向北京與莫斯科靠攏[76]，繼 2005 年 11 月終止美國租借凱希哈納巴（Karshi- Khanabad）軍事基地後，又協同成員國在 2006 年元首理事會上，要求華盛頓提出從中亞地區撤出武裝力量的時間表，使中國提倡的上海精神再度居於上風。

---

[74] 郭武平，「美伊戰後的中亞情勢」，頁 13。

[75] Charles William Maynes, "America Discover Central Asia", *Foreign Affairs*, vol.82, no. 2 (Mar / Apr, 2003), pp.122-123.

[76] William F. Engdahl, "Revolution, geopolitics and pipelines", *Asia Times*, Jun 30, 2005.

五、俄羅斯態度動見觀瞻

上海合作組織作為中國拓展對俄羅斯及中亞地區外交關係的平台，在吸引周邊國家加入觀察員機制、爭取國際支持打擊分離主義份子、平衡美國區域內影響力等三項戰略利益上卓有成效，但今後中國能否就能源合作等切身目標繼續發揮主導力量卻甚有疑問，關鍵在於俄羅斯對中亞地區仍然極具影響力，而且中俄兩國外交政策目標並不一致。俄羅斯寄望於能源出口重振國家經濟與國際聲望，在區域內轉而採取等距外交，藉由維持中美等國家勢力平衡回復原有影響力。俄羅斯先是積極參加上海合作組織，提出「穩定弧線」觀點作為國家東向發展的戰略支點，復支持美國提倡的阿富汗戰爭與武器裁減協議，接受北約東擴作為穩定弧線的西面[77]。在反恐作戰方面亦復如此，俄羅斯既支持上海合作組織反恐機構之運作與「聯合 2003 演習」，又在獨立國協的集體安全機制裡為美國租借吉爾吉斯及烏茲別克軍事基地背書[78]，頗有引導中美勢力交互牽制、扮演關鍵力量的意味於其中。如同遠東地區油氣開發案一樣，俄羅斯並不會自我侷限於盟友關係當中，對中國外交互動仍以權力平衡作為考量，所以在上合組織中引進夙與中國不合的印度參與能源及地緣政治競爭，就是不希望中國在組織中獨大。

---

[77] Ahmed Rashid, *Jihad: The Rise of Militant Islam in Central Asia*, pp.177-178.

[78] Svante E. Cornell and Regine A. Spector, "Central Asia: More than Islamic Extremists", *Washington Quarterly*, vol. 25, no.1 (Winter 2002), pp.199-204.

六、結　語

　　自從中亞國家自前蘇聯分立之後，歐美國家覬覦當地豐厚石油資源紛紛以「石油資本」介入中亞能源市場，例如俄羅斯、哈薩克與阿曼合組的裏海油管集團、哈薩克境內田吉茲油田、亞塞拜然國際鑽探公司都被歐美油商與當地合資公司取得過半股權，而前蘇聯政權封鎖中亞聯通伊朗或巴基斯坦油管及鐵公路的地緣—濟雙重阻絕（geopolitical-economical denial）策略被中國與伊朗投入交通建設而打破閉鎖格局，削弱了俄羅斯對當地能源出口的控制力[79]，中亞國家憚於蘇聯以往封鎖歷史等種種因素，均不利於俄羅斯未來為主導中亞能源，爭取哈薩克與土庫曼籌組歐亞大陸天然氣聯盟之前景。

　　因此中國在中亞的能源合作與地緣格局雖然受到俄羅斯操作難以發揮主導力量，區域外交契機其實必須放眼上合組織之外，例如中亞國家自 1995 年以來自力籌組的「中亞地區合作會議」與後續的「中亞國家穩定與發展會議」多次表明了獨立發展能源出口與經貿關係的決心，伊朗、巴基斯坦、印度甚至高加索地區國家都是發展能源外交可以考慮的合作夥伴[80]；中亞國家對於俄羅斯壟斷黑海-烏克蘭油管企圖深有所感，美國進駐反恐軍力也可能危及本國外交政策獨立性，因此持續與經濟與軍事力量崛起中的近鄰——中國保持睦鄰友好關係，尋求經貿合作、進而制衡俄

---

[79] 郭武平、劉蕭翔，「上海合作組織與俄中在中亞競合關係」，《問題與研究》（台北），第 44 卷第 3 期（民國 94 年 5-6 月），頁 138-140。

[80] Shirin Akiner, "Regional Cooperation In Central Asia", op.cit., p 203.

羅斯與美國的地緣影響力，仍然具有高度的戰略價值[81]，而中國未來開展能源合作空間亦呈現鑲嵌於中亞、俄羅斯、美國各方角逐地緣利益的格局中。

---

[81] 參照：張雅君，「上海五國安全合作與中共的角色」，頁 50；佟剛，「構造後發展均勢──俄美在中亞戰略爭奪及中國的參與」，《國際貿易》（北京），2001 年第 1 期（2001 年 1 月），頁 29-30。

第四章

中國的石油外交
及其競爭因素

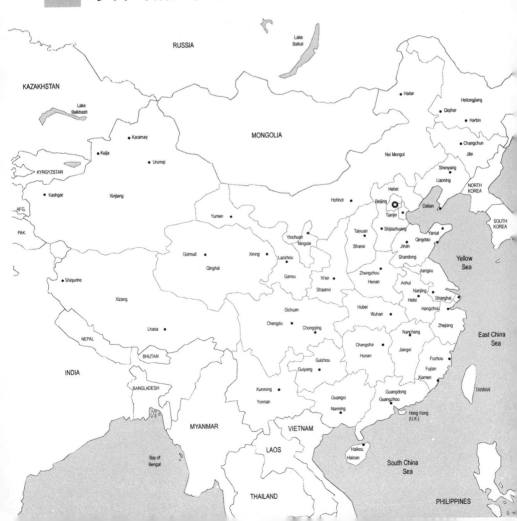

第二章和第三章探討了中國建構石油複合安全體系的海路與陸路兩大面向，本章則是分析中國向全世界發展石油進口管道的外交作為，其中所運用的策略與潛在的競爭因素。展望中國全球性的石油外交，觀察個別石油出口國家的環境與中國所建立的產銷聯合關係之外，相對應的地緣戰略拉高到全球層次，必須考量全球能源市場的發展情勢，觀察與其他國際強權尤其是美國的全球外交策略的競合關係。

第一節　全球性開展石油外交

若從石油-外交安全複合體觀念結合中國發展出來的同心圓地緣戰略理論分析，中國石油海上運輸通道牽涉到第一環「環中國海」區域、中亞俄羅斯陸地石油進口牽涉到第二環「陸地周邊」區域，其實都不脫位居東亞核心向周邊地區發展的鄰國關係[1]，中國於此的外交政策置放於前述區域格局之下，石油進口的穩定性是與其地緣發展策略息息相關。尤其中東與非洲到了 2005 年佔有中國進口原油總量的 65%以上，中國在此區域發展的能源合作與外交策略構成了複合安全體系的主軸，基於分散依賴上述進口地區的需求與運輸通道風險，除了加強東南亞及俄羅斯中亞地區的能源合作與地緣政治結盟，中國更將石油外交觸角伸展向拉丁美洲地區，進而開展了全球性的能源安全佈局。

---

[1] 相關論述詳見：黃生榮主編，《金黃與蔚藍的支點：中國地緣戰略論》，頁 298-305；謝永亮、姚蓮瑞，《生存危機-新地緣資源》（成都：四川人民出版社，2001 年 9 月），頁 31-39。

一、政策整併國內市場

　　從企業層次看來，中國對外開拓石油進口地區的先鋒是國有石油集團公司，配合政府外交作為確保進口石油供應無虞，而石油外交也就成為中共對外政策上突顯的主軸。2001 年 3 月國務院總理朱鎔基在第九屆全國人大第四次會議中宣示加強國際能源合作，「立足國內、內外統籌」的宗旨在於吸收國外資金技術參予國內油源開發，對內強化石油生產與運輸設施，對外在石油輸出國家投資生產與煉製設備[2]，石油公司赴海外投資構成了對邦交國建立能源合作、開展實質關係的重點工作，也因此成為石油-外交安全複合體系當中重要的執行者。中國從 1980 年代之後陸續創設國有石油集團公司，1981 年從國土礦產部分立出中國海洋石油公司（China National Offshore Oil Corporation, CNOOC）負責海上油井的鑽探，1983 年成立的中國石油化學公司（China National Petrochemical Corporation , SINOPEC）則統籌國內石油提煉廠與液態原油加工製品的業務，1988 年原有石油工業部改組為中國石油公司（China National Petroleum Corporation, CNPC），承繼石油部經營全國各油田管理局、石化工業公司的權力；歷經多次組織改組與國務院部委的合併之後，三大石油集團公司獲得自辦進出口貿易與海外發行新股權利，承繼原有石油部會體制以公司型態擴張經營範圍，作為擔綱對外石油開發的主力[3]。

---

[2] 秦宣仁，「國際大環境與大國能源外交運籌」，《國際石油經濟》（北京），第 12 卷第 1 期（2004 年 1 月），頁 38。

[3] 自 1992 年以來石化產業方面以行政命令所組成的集團公司，究竟是原油田管理局及石化公司之上的部委級管理機構，還是整合國內石化資源的公司法人，爭辯一直不斷，最後國務院拍板定案，於 1998

年進行較大幅度的部委改組，取消能源部，成立國家經濟貿易委員會統籌國家石油公司。將過去石油、石化業以探勘、生產、煉製、銷售等上、下游水平切割的經營方式全盤打破，改採垂直分工上下游一體的經營模式，三大集團公司都具有完整的產銷體系、皆為完整的企業集團，而非原有石油工業部的替代機構。原先以探勘、生產原油為主的 CNPC 與煉製起家的 SINOPEC，以區域與生產煉製互補的型態為界準進行合併重組，雙方以長城為界劃分南北兩大集團公司，長城以北、蘭州以西的地區煉油廠與油田劃歸北方集團--「中國石油天然氣集團公司」(以 CNPC 為主體組建)；長城以南、蘭州以東的煉油廠與油田劃歸南方集團--「中國石油化工集團公司」(以 SINOPEC 為主體組建)。將地區性的省、市、自治區的石油公司，按所屬地區分別劃入兩大集團公司的體系中，使得這些過去既合作又競爭、難以管理控制的石油銷售公司納入其經營體系之中，無形中免除了各集團公司產銷上的死角，並於成立初期授予各集團公司對轄屬地區的油品批發專營權。原直屬石油工業部，負責國外原油進口與國內石化產品外銷之貿易相關事宜的中國化工進出口公司（SINOCHEM）因股份收購政策併入兩大集團公司，集團公司因而跨出國內市場壟斷，取得自辦對外買賣油品的授權。另集團公司經國務院批准，得另組建工程子公司、從事境內外油氣資源勘探開發、石油化工對外合資合作業務和國內外投融資、勘察設計、工程建設和其它多種經營與服務等業務。為配合發行海外股及移轉管理國內石化設施權限政策，石化集團公司與其他特大型國有企業又於 2003 年國務院部委改革中歸併到國家資產管理委員會，但是三大石化集團公司領導人在國務院職務序列表係列為正部級，政策方面直接接受國務院指揮，與國家資產委僅有股權管理的關係。詳見：Julie Reinganum and Thomas Pixley, "Bureaucratic Mergers and Acquisitions", *The China Business Review*, vol. 25, no. 3(March 1998), pp. 36-41; World Bank and the Institute of Economic System and Management , *Modernizing China's Oil And Gas Sector: Structure Reform and Regulation* (Washington: World Bank Publication Service, November 2000), pp. 3-16；王海征，「政府只作裁判員」，《經濟參考報》（北京），2003 年 3 月 7 日；新華社稿，「國務院機構改革方案」，《人民日報》（北京），2003 年 3 月 10 日；修宇，「國資委機構改革方案終結五龍治水」，《北京晨報》（北京），2003 年 3 月 10 日。

中國追求內外兼顧的石油合作案因為集團公司的組建而獲得
了實現，境內的石化合作案可分為兩個方面來觀察。第一是將與
國際油商的合資案視為吸收國際油商的營運經驗，主要是彌補石
油探勘與基礎建設兩項領域資金與技術的不足。而外商也因此做
好中國的通路佈局準備，以便於 2005 年中國完全開放石化市場時
搶佔商機。第二是在東部沿海三大煉油基地（廣東湛江、浙江寧
波、河北秦皇島）周邊合建接收設備與煉油廠，並逐步擴大相鄰
石油戰略儲備基地（浙江寧波－鎮海、山東黃島、遼寧大連）儲
量規模，構成石油供需雙方的產銷聯合，中國藉此增強供應合約
的延續，出口國也因此確保了供油的穩定，形成相互依賴的格局
[4]。為因應加入世貿組織的改善投資條件承諾，官方修改了法令規

---

[4] 中國在 1990 年與外商簽訂第一份陸上石油對外合作探勘合同，與
紐西蘭和美國的三家公司就合作探勘、開發、生產湖南省洞庭湖盆
地石油正式簽署，此後較重大的外商合資案計有：1991 年 10 月，中
國石油開發公司與美商就合作探勘、開發、生產江西鄱陽湖盆地石
油簽訂合約；1993 年 2 月，中國石油天然氣探勘開發公司與荷蘭殼
牌勘探有限公司簽訂進行江蘇省蘇北盆地石油勘探；1993 年 2 月，
塔里木盆地東南方，面積 72,700 平方公里的 5 個礦區公開對外招
標，計有 6 國 10 家石油公司分別得標，到 1997 年底包含技術轉移
與舊有鑽井設備更新，已經有 48 家油商投入工程；與艾克森（Exxon）
於 1996 年河北錦州、1997 年於天津與江蘇寧波興建潤滑油油廠，於
福建湄州興建乙烯裂解廠，於珠江三角洲區域佈建埃索（Esso）系統
加油站；1997 年 10 月與沙烏地亞美和石油（Aramco）、艾克森合作
擴建廈門煉油廠，將處理能力每日 8 萬桶提升至 24 萬桶；1997 年莫
比爾（Mobil）在原有的香港與天津潤滑油廠之外，於江蘇太倉興建
每日處理能力 18.5 萬桶的新廠與油槽基地，以及一座液態天然氣接
收港、塑膠容器廠；1998 年與荷蘭殼牌（Shell）於廣東茂名合建煉
油與化工廠複合園區；1999 年 6 月，與美國雪佛龍（Chevron）進行
渤海灣、南海、勝利油區探勘合作；1999 年 9 月與荷蘭殼牌合作探
勘內蒙厄爾多斯盆地；2000 年 2 月與義大利阿吉普（Agip）合作探
勘柴達木盆地 7000 平方公里區域、合建柴達木到蘭州 950 公里天然

章，自 2000 年起外資需繳交的綜合稅稅率從 33%降到 15%，中方的合股下限從 51%降到 25%，外商石油公司得分階段、分地區建立加油站體系，到 2005 年則取消外商必須透過三大集團公司共用油區探勘執照的規定[5]，更進一步地促成中國與世界能源市場的接軌。

氣管線；2000 年 3 月與英國皇家（BP）簽約新疆到上海 4212 公里的天然氣管線，將經過十五個主要城市，預計 2007 年動工；海上石油部分從 1982 年至 2002 年 2 月止先後與 18 個國家 70 家石油公司簽訂了 150 份協議，41 個執行中合同區面積近 12 萬平方公里，共建成合作油氣田 13 個；2001 年與沙烏地亞美和以油區探勘權作價，合建山東青島、廣東茂名煉油廠，金額為美金 16 億元。詳見：Mehmet ÖGÜTÇÜ, " China's Energy Future and Global Implications " in Werner Draguhn and Robert Ash ed ., *China's Economic Security* (Richmond Surrey: Cornwall, June 1999), p .135; IEA, *China's Worldwide Quest for Energy Security*, (Paris: OECD Press, 2000), p. 36；張漢林，中國石化工業入世挑戰嚴峻產業結構亟需調整，《中國信息報》（北京），2001 年 1 月 4 日；World Bank and the Institute of Economic System and Management, *op.cit.*, pp.41-48.

[5] 中國因應加入世貿組織規範而逐步開放國內石油市場設限，對於吸引國際油商合作也起了重要作用，三大公司中中國海洋石油公司因為海上油田開採的技術難度高，是吸引外資協議件數與金額最高的，中國石油因為經營區域集中於西部與北部，持有最多張的探勘執照，中國石化原有石油煉製基礎較強，反映了國有石油公司在成立的任務屬性仍然相當程度地決定了石油公司的結構與之後發展。雖然三大公司於 1998 年體制改革後都轉型為綜合性石油公司，但是外資考慮合作對象時仍然會考慮到三大公司原有的歷史背景，偏重項目也確實有所不同。詳見：Yuan Sy and Yi-Kun Chen , "An Update on China's Oil Sector Overhaul", *The China Business Review*, vol.27, no.2 (Mar/Apr 2000), pp. 36-43; World Bank and the Institute of Economic System and Management, op.cit., p.46 ；呂薇，「也談石油行業的競爭與重組」，《國際石油經濟》（北京），第 9 卷第 7 期（2002 年 7 月），頁 42-45。

二、國家石油公司向外擴張

　　事實上石油事關國家經濟發展與軍事戰略之資源所需，石油公司擴張油源所牽涉的戰略意涵往往都不只限於商業經營範疇，更多時候是與國家外交利益緊密結合，在歐美先進國家亦復如此[6]；尤其中國三大石油公司組建都是由政府部會及其隸屬機關改制而來，又都以政府授權方式壟斷國內石油市場，原本就不是來自於市場機制的演變結果，對外投資也代表國家經濟力量的延伸。而現在石油集團公司爲主的境外投資案與以往政府單位辦理石油進口最大的不同點，在於投資項目已經不限於單純的購油合約，包含直接或合資標購油田及煉製廠、標購或合組石油公司、承包基礎工程在內，集團公司以更廣泛的經營範圍形成石油工業上下游一條鞭的型態，對外投資案從 1997 年開始用入股方式取得石油生產合夥關係，得以與產油國建立更緊密的依存關係，較爲重大的投資案整理如**表 4.1** 所示[7]。中國向外擴張石油進口版圖，除了傳統進口的中東、東南亞地區外，對中亞、非洲、拉丁美洲的油源開拓更是不餘遺力，希望藉由中國雄厚的製造業能力、與其他

---

[6]　崔新健，「中國石油安全的戰略抉擇分析」，《財經研究》（上海），2004 年第 5 期（2004 年 5 月），頁 130-137。

[7]　圖表中省略原資料列出的石油公司部分，一般說來合資項目的異同與三大公司原有著重項目仍然有所關聯，標購油田與管線工程以中國石油公司爲主，例如巴布亞紐幾內亞的海上油井係由中國海洋石油公司承包，中國石油化工公司透過中國化工進出口公司投資煉油廠，大致說來公司屬性所發揮的承包優勢與國內合作案的結盟模式極爲類似。詳見：Philip Andrews-Speed, Xuanli Liao and Roland Dannreuther, *The Strategic Implication of China's Energy Needs*, pp.34-36; Erica Strecker Downs, *China's Energy Security*, pp.15-23.

第三世界產油國發展石油銷售與一般貿易並行的「石油戰略夥伴關係」，分散過於依賴中東進口原油的風險，由此可看出中國追求進口來源多元化的佈局[8]。而中國石油（CNPC）資本額與技術團隊在三大集團公司中規模都是排名第一，境外投資的歷史最為悠久，因此在以油井探勘為主的海外投資案中占了大宗。

表 4.1　中國國有石油公司主要海外投資案一覽表

單位：百萬美元

簽約時間	國家別	計畫地點	合作種類	協議金額
1992	加拿大	卡加利省（Calgary）	標購油田	600
1993	泰國	邦亞（Banya）	標購 Sukhothai 油田	
1993	祕魯	塔拉拉（Talara）	標購油田	25
1994	巴布亞紐幾內亞	卡穆西（Kamusi）	與美國 Garnet 公司合資標購海上油田	
1995	科威特		承包管線工程	78
1996	伊拉克	阿達布（al Ahdab）	標購油田	1,300
1997	奈及利亞	查德盆地（Chad Basin）	與奈國國家石油公司合資探勘	
1997	哈薩克	亞賓斯克（Aktyubinsk）	購買亞賓斯克油氣集團 60％股份與債權	5,000
1997	哈薩克	烏山（Uzen）	烏山油田 51％股份	1,300

---

[8] David Zweig and Bi Jianhai, "China's Global Hunt for Energy", *Foreign Affairs*, vol.84, no.5 (September/October 2005) , pp.27-30.

簽約時間	國家別	計畫地點	合作種類	協議金額
1998	蒙古	東戈壁省（Dornogovi）	合資興建煉油廠與鑽探合約	30
1998	奈及利亞	奈及利亞河三角洲（Niger Delta）	標購油田	
1998	蘇丹	海利格（Heglig）	合資興建煉油廠與鑽探合約	
1998	委內瑞拉	卡拉卡斯（Caracoles）	標購油田	241
1998	安哥拉	羅比托市（Lobito City）	合資興建煉油廠與鑽探合約	
1998	委內瑞拉	內開波（Intercampo Norte）	標購馬拉開波地區油田	359
1999	埃及		合股成立石油公司	
1999	伊朗	巴拉爾（Balal）	合資興建煉油廠與鑽探合約	
2001	俄羅斯	東西伯利亞（East Siberia）	合資管線工程與鑽探合約	
2002	土庫曼		承包油井工程	14
2002	亞塞拜然	卡拉巴格利（Karabagly）	標購油田	52
2002	印尼	麻六甲（Malacca）	標購油田 40% 股份與印尼國家石油公司資產	585
2003	巴西	里約（Rio de Janeiro）	至巴伊亞州（Bahia）輸油管線工程	1,300
2004	伊朗	亞達瓦蘭（Yadavaran）	標購油田	1,500
2005	哈薩克		收購 PK 石油公司 100% 股份	4,180

簽約時間	國家別	計畫地點	合作種類	協議金額
2006	俄羅斯		收購俄羅斯國家石油公司（Rosneft）股份	500

資料來源：Philip Andrews-Speed, Xuanli Liao and Roland Dannreuther, *The Strategic Implication of China's Energy Needs*, pp.34-36；中國海外石油投資統計網，網址：http://ics.nccu.edu.tw/cgr/index.htm。

三、締結能源合作案為元首出訪主軸

在強化境內與國際間石油合作之外，中國運用靈活的外交手腕，積極推動領導人互訪，進一步鞏固石油安全體系。中國的石油外交策略具體而言是以促成高層互訪，推展石油供需雙邊關係為主軸，石油公司負責人陪同元首出訪洽談進口石油協定，並且在區域型會議或常設性組織中進行各項經貿往來議題，促成石油合作與相關問題協商機制。中國第四代領導人從國家主席胡錦濤、國務院總理溫家寶以降，自 2003 年以來與能源合作、石油外交議題相關的重大出訪於 2003 年 4 次，2004 年 9 次，2005 年 17 次，2006 年 22 次，2007 年 20 次，外國領導人來訪分別是 2003 年 9 次、2004 年 23 次、2005 年 21 次、2006 年 24 次、2007 年 26 次[9]，中國領導人外交出訪牽涉石油安全議題的訪問頻率、訪

---

[9] 2003 年與 2004 年數據為于有慧轉引中國人民網統計資料，2005-2007 年數據為作者自行統計中國人民網之國家領導人活動報導集，國家主席胡錦濤、國務院總理溫家寶、國家副主席曾慶紅、全國人大委員長吳邦國出訪與接見外賓紀錄部分，內容並牽涉能源合作與石油安全議題，但外賓訪問中國次數扣除上述 4 位國家領導人重複或同時接見記錄。詳見：于有慧，「胡溫體制下的石油外交與

問國家數目、完成協議均有逐年增加趨勢，近年來石油出口國幾乎都會列入出訪行程中，並且就其他基礎建設、加工出口區等項目增加投資金額，鞏固石油與經貿合作關係。高層領導人的互訪動作不但象徵石油外交提升至中國整體對外關係主軸層次，實質上並與經貿、軍事或外交關係合作案相結合，強化石油供應穩定與來源多元化之佈局[10]；而且代表部會或集團公司等較低層次的締約與協議動作更為頻繁，取得重大進展之後才有元首互訪的再確認與後續動作。

　　有別於第三代領導人江澤民所提倡的大國外交，強調中國與美、俄、歐盟等全球性強權的政治經濟合作，第四代領導人將能源與經貿合作範圍更推向了中東、非洲、拉丁美洲等第三世界國家，配合中國逐漸發展起來的經貿實力、藉由拓展日漸茁壯的中國企業海外商機，交換第三世界國家在石油出口以及聯合國事務上的緊密合作[11]。以國家主席胡錦濤為例，2003 年 6 月上任之初即前往俄羅斯、法國、哈薩克、蒙古訪問，就石油天然氣、核能科技等議題與各國領導人交換意見；2003 年 10 月出訪澳大利亞達成天然氣銷售協議；2004 年 1 月出訪法國、埃及、加彭、阿爾及利亞，均簽署石油銷售或油田共同開發協議；之後 2004 年 6 月烏茲別克，2004 年 11 月巴西、阿根廷，2005 年 4 月印尼、菲律賓、汶萊，2005 年 8 月加拿大、美國、墨西哥，2006 年 4 月沙

挑戰」，頁 46-49；中國人民網網址：http://www.people.com.cn/item/ldhd/zbhome.html。

[10] Amy Myers Jaffe and Steven W. Lewis, "Beijing's Oil Diplomacy", *Survival*, vol.44, no. 1 (Spring 2002), p.122.

[11] Minxin Pei, "China's Big Energy Dilemma", *Straits Times*, April 13, 2006, p.6 .

烏地阿拉伯、摩洛哥、尼日、肯亞[12]；2006 年 7 月俄羅斯、2006 年 11 月巴基斯坦、2007 年 7 月哈薩克等行程皆為明證。如果列入國務院總理溫家寶、國家副主席曾慶紅、全國人大委員長吳邦國出訪紀錄，更可看出中國領導人對能源外交著力之深[13]。

四、前進非洲貿易領域

除了元首出訪，中國藉由參與第三世界國家區域事務，也發揮對石油出口國家影響力。中國與東南亞國協國家已開始籌組自由貿易區，與中亞國家在上海合作組織架構下取得初步成果；而中國在推展第三世界國家外交方面，石油銷售作為經貿合作的主軸有其戰略意義，因為目前中國對外貿易不論是就總金額或是出

---

[12] 徐翼，「能源合作成重頭戲 中國元首的大國之旅能源之旅」，《中華工商時報》（北京），2006 年 4 月 13 日，版 1。

[13] 國務院總理溫家寶能源外交出訪紀錄計有：2003 年 10 月出席印尼東協 10+1、10+3 會議，2003 年 12 月加拿大、美國、墨西哥，2004 年 9 月俄羅斯、吉爾吉斯上海合作組織總理級年會，2004 年 10 月出席越南亞歐領袖會議，2004 年 11 月出席寮國東協 10+1、10+3 會議，2005 年 4 月巴基斯坦，2005 年 12 月出席馬來西亞東協 10+1、10+3 會議，2006 年 6 月迦納、安哥拉，2006 年 9 月塔吉克；國家副主席曾慶紅能源外交出訪紀錄計有：2004 年 6 月突尼西亞，2005 年 1 月墨西哥、委內瑞拉，2006 年 1 月哈薩克；人大委員長吳邦國能源外交出訪紀錄計有：2004 年 6 月俄羅斯、挪威，2004 年 10 月尼日，2005 年 4 月澳大利亞，2005 年 9 月摩洛哥，2006 年 5 月烏克蘭、俄羅斯上合組織年會。上述計算標準係將簽署能源備忘錄、合作協議之紀錄列入，類別除石油天然氣之外，尚有核能科技交流、煤炭、水利發電項目，因為大多與油氣合約包含在經貿合作成果內，故以能源外交統稱之。詳見：于有慧，「胡溫體制下的石油外交與挑戰」，頁 43-44；上述領導人出訪日期更新至 2006 年為止，中國人民網網址：http://www.people.com.cn/item /ldhd/zbhome.html。

超金額，還是以歐美國家與亞太地區爲主[14]，第三世界國家與中國的經貿關係基礎尚未堅實，對進口原油需求強勁且有分散來源地區戰略目標的中國而言，石油蘊藏豐富的第三世界國家當然成爲發展經貿關係的首選，藉由石油銷售合約的商機逐步發展貿易往來，即使是金額不大、但對於鞏固石油合作關係仍具有重大意義。就政治層面來說，中東、非洲、拉美地區國家眾多，在聯合國及各種國際組織中具有票數優勢，部分重要國家又對於美國全球性的戰略佈局多有疑慮，中國開展第三世界國家外交，可以提升中國在國際事務方面的影響力，對於間接突破美國外交上的軟性圍堵，也有相當程度的助益。參與第三世界國家區域事務又可分爲主導區域經濟論壇與加入區域組織觀察員兩種方式，前者以非洲爲顯例，後者以拉丁美洲爲主。

　　目前中國在非洲地區最大的進口來源國爲安哥拉、蘇丹、剛果三個國家，在埃及、利比亞、奈及利亞、加彭的油氣田投資也逐年增加。非洲佔中國石油進口比例從 1993 年的 10%上下逐年

[14] 以 2006 年全年度中國國家海關總署結報數字而言，中國十大對外貿易國家地區為 1.歐盟 2723 億美元 2.美國 2626.8 億美元 3.日本 2073.6 億美元 4.香港 1661.7 億美元 5.東協 1668.4 億美元 6.南韓 1343.1 億美元 7.台灣 1078.4 億美元 8.俄羅斯 333.9 億美元 9.澳大利亞 329.5 億美元 10.印度 248.6 億美元，十大對象金額總共佔貿易總額 1 兆 7606 億美元的 79.6%。中國對外貿易最大出超對象為 1.香港 1446 億美元 2.美國 1422.6 億美元 3.歐盟 916.6 億美元。從數字中可以發現中國十大對外貿易國家地區中，最大的國際貿易對象為歐盟與美國，另外八個是亞太地區或鄰近國家，出超方面若扣除對香港出超為轉口貿易性質，實際上最重要的賺取外匯來源亦為美國與歐盟，中國在對外貿易仍然以區域內貿易為主，對歐美國家出口則是外匯存底的大宗來源，第三世界國家的貿易總額與出超金額實際上並不具有重要地位；資料數據取材自：中華人民共和國商務部綜合司，登入網址：http://zhs.mofcom. gov.cn/ tongji2006.shtml。

提高，1993年至2004年都有25%以上的比重，超過東南亞位居進口區域第二位，僅次於中東，可說是中國開拓石油進口來源多元化的重要區域。中國在非洲重點的區域經濟論壇工作首推「中非合作論壇」，在前任國家主席江澤民等領導人倡議下，第一屆部長級會議於2000年10月10至12日在中國北京舉行，非洲方面有多哥、阿爾及利亞、尚比亞、坦尚尼亞總統、非洲統一組織秘書長等元首在內45個國家部長以上官員和17個國際和地區組織代表應邀與會，就「推動建立國際政治經濟新秩序」、「加強中非經貿領域的合作」兩大議題進行討論，會中確立中非兩方每三年輪流主辦論壇，並通過峰會宣言與行動綱領[15]。

第二屆部長級會議於2003年12月15至18日衣索比亞首都阿迪斯阿貝巴舉辦，會議通過了《阿迪斯阿貝巴行動計劃》，中國承諾在2004年至2006年繼續增加對非洲的金錢援助與人才培訓、對低度開發國家開放市場部分商品給予免關稅待遇、開放衣索比亞、肯亞等8個非洲國家旅遊合作方案[16]；中國在此次峰會中首度統整對非洲國家個別經濟援助事項，配合同時舉辦的「中非企業家大會」擴大境內企業對非投資與商品交易，並針對低度

---

[15] 第一次部長會議通過文件為《中非合作論壇北京宣言》和《中非經濟和社會發展合作綱領》，就中非建設友好夥伴關係與實質合作意向設定今後議程，內容以宣示性質為主，詳見：張清敏，「中國外交的三維發展」，《外交評論－外交學院學報》（北京），2004年第3期（2004年9月），頁71-77。

[16] 第二次部長會議計有國務院總理溫家寶、非洲方面莫三比克、烏干達、蘇丹、辛巴威、剛果、模里西斯總統、非洲聯盟委員會主席、衣索比亞總理等45個國家70名部長級以上領導人及部分國際組織代表參加會議，並首次有產油國（蘇丹、剛果）元首出席。詳見：黃澤全，「開拓中非合作新思路」，《國際經濟合作》（北京），第18卷第2期（2002年2月），頁21-23。

開發國家開放部分市場，爭取其好感。第三屆部長級會議於 2006年 11 月 3 日在中國北京舉行，隔日的論壇高峰會上國家主席胡錦濤宣佈，將成立總額達 50 億美元的中非發展基金，三年內提供 30 億美元優惠貸款與 20 億美元出口擔保金，規模是《阿迪斯阿貝巴行動計劃》的兩倍，並免除非洲邦交國 2005 年到期的所有無息貸款，堪稱建政以來一次性對外援助的最大手筆，同時免關稅待遇將從 190 項增加到 440 項、增建加工出口區、農業技術轉移中心、瘧疾防治中心[17]。

　　中國在非洲積極佈建經貿外交關係，最直接的利益是爭取受援國支持中國於聯合國推展的封殺台灣加入與反對日本成為安理會常任理事國政策，長遠的利益則在於填補歐美國家減少非洲援助的權力真空，尤其歐美國家動輒以人權民主為標準督促部分非洲國家政權，中國刻意以互不干涉內政政策擴大與非洲許多獨裁政權的交往，大手筆提供金錢、經貿建設、武器交易等種種援助，無疑地是極受非洲國家歡迎[18]，也有觀察指出，中國大力提供援助的目的在於利用非洲國家豐富資源供應海外企業原物料生產，外銷歐美國家賺取更多的外匯，並且鞏固石油進口管道[19]，而中國在非洲地區的石油外交確實也從投資國家數目增加、參與上游工程案件增多、投資金額成長、投產數量增加等多項指標看出收穫極其豐富。

[17]　白德華，「中共大手筆　非洲邦交國債務全免」，《中國時報》（台北），2006 年 11 月 5 日，版 A13。

[18]　David J. Lynch, "China elevates its economic profile in Africa", *USA Today*, November 2 2006, p.C6.

[19]　Esther Pan, "Q&A: China, Africa, and Oil", *The New York Times*, January 18 2006, p.A5.

五、加入拉丁美洲區域組織

　　中國與拉丁美洲國家貿易關係逐年穩定成長，2004 年雙方貿易額爲 400 億美元，比 2003 年的 268 億美元成長 49％，拉丁美洲對中國出超 35.4 億美元；2005 年雙方貿易額爲 504 億美元，比 2004 年成長 26％，拉丁美洲對中國出超 30.9 億美元，中國歷年來進口項目主要爲鋼鐵、石油、鎂、鋁、鎳金屬、木材等基礎原物料，出口項目爲紡織品、電腦家電、機械設備等製造業產品[20]。中國與拉丁美洲國家貿易、軍事、生物科技、醫學代表團交流與元首互訪逐年增加，雙方在能源合作的經濟誘因之下亦爲中國企業進入拉丁美洲市場建立良好基礎[21]；基於拉丁美洲國家礦產資源豐富，中國勢必在此區域加強貿易往來以獲取基礎原物料穩定供應，尤其委內瑞拉係世界第 8 大石油出口國與天然氣生產國，玻利維亞天然氣蘊藏量爲世界第 13 大[22]，拉丁美洲將是中國推展石油外交另一個重點國家。

---

[20] 王鵬，「2004 年中拉關係回顧」，《拉丁美洲研究》（北京）， 2005 年第 2 期（2005 年 4 月），頁 45-48。

[21] Peter Hakim, "Is Washington Losing Latin America? ", *Foreign Affairs*, vol.85, no.1 (Jan / Feb 2006), p.45.

[22] 委內瑞拉 2005 年每日石油生產均量為 280 萬桶、居世界第 10 位，排名還在中國（第 6 位）之後。但是因國內需求有限，因此每日石油出口均量可達 220 萬桶、躍居世界第 8 位，天然氣 2005 年總產量為 284 億立方尺，居世界第八位；玻利維亞天然氣已探明儲量為 31.4 兆立方尺，在拉美地區僅次於委內瑞拉。詳見：British Petroleum Company, *Putting energy in the spotlight: BP Statistical Review of World Energy June 2006* , pp.4-8；美國能源部 2005 年統計數據，網址：http://www.eia.doe.gov/emeu/cabs/topworldtables1_2.html。

目前中國在拉丁美洲已經加入南錐共同市場（Mercado Comun Delsur, MERCOSUR）與安地斯共同體（Andean Community, AC）觀察員及諮商夥伴，也是加勒比海共同市場（Caribbean Community and Common Market, CARICOM）與開發銀行會員，等於是與中美洲以外的拉美國家都建立了貿易協商關係[23]。拉丁美洲國家在 2000 年之後陸續吹起左派執政的風潮，從委內瑞拉的查維茲（Hugo Chávez）、巴西的魯拉（Luiz Inácio Lula da Silva）到玻利維亞的莫拉雷斯（Evo Morales）等社會主義人士紛紛當選，民意普遍對於右派主張市場開放至上的「華盛頓共識」所造成貧富差距擴大感到不滿，執政者在對外經濟政策上也傾向擺脫

---

[23] 南錐共同市場（MERCOSUR）是巴拉圭、阿根廷、巴西和烏拉圭 4 國根據 1991 年 3 月簽訂的亞松森條約所成立，4 國在條約中同意自 1995 年起全面實施共同市場，成為幅員廣達 1188 萬平方公里、總人口 2 億，國內生產毛額總計 2,500 億美元的自由貿易區；智利與玻利維亞於 1996 年加入。南錐共同市場整合有兩大重點：1.廢除成員國間一切關稅及其他貿易限制，會員國產品可在區內相互流通，2.統一對外共同稅率、課徵成員國以外國家進口產品 0-20% 之間稅率。1999 年 6 月峰會宣布尋求建立單一貨幣制度，2000 年 6 月共同簽署有關治安、移民資訊交換與防制販毒、販賣幼童、洗錢、核子放射物質擴散等 8 項協定。安地斯共同體（AC）是原有安地斯貿易協約集團中止後，玻利維亞、哥倫比亞、厄瓜多、秘魯和委內瑞拉 5 國元首於 1996 年 3 月同意以秘魯首都利馬為總部所成立的替代組織，巴拿馬為永久觀察員國。成立宗旨是利用本地區資源，促進成員國之平衡與發展、取消關稅壁壘、組成共同市場。加勒比海共同市場（CARICOM）為安地卡、巴哈馬、巴貝多、貝里斯、多明尼加、格瑞那達、蓋亞那、牙買加、蒙席雷特島、聖克里斯多福、聖露西亞、千里達、聖文森、蘇利南、海地等原加勒比海自由貿易協會會員於 1973 年所成立，宗旨為建立加勒比海地區的關稅同盟、促進區域內的工業化，為實現加勒比海地區的統一建立基礎。渠等經貿組織資料詳見：中華民國國貿局網站：http://cweb.trade.gov.tw/kmDoit.asp?　CAT517&CtNode=615。

美國主導的北美自由貿易區（North America Free Trade Agreement, NAFTA），因此區域內原有的次級區域經貿組織南錐共同市場與安地斯共同體不但相互協商建立架構協定與貿易環境整合，兩大組織也分別與中國、印度等開發中國家組成的 21 國集團擴大合作[24]。

在前蘇聯解體之後，經濟力量愈見雄厚的中國企業大舉進入拉丁美洲市場，美國就極為擔心中國將挾著經貿關係快速成長的成果，挑戰美國於拉美地區的壟斷性地位，尤其查維茲憑藉著豐厚的油氣資源爭取中國擴大投資、大打中國牌，希望一舉打破美國對當地控制的門羅主義政策[25]。現今中國已經與巴西、阿根廷、智利、祕魯、委內瑞拉等國家相互承認「市場經濟地位」，雙邊在世貿架構的關稅優惠之外又取得企業投資規範、電信服務、政府採購、電子商務、智慧財產權保護等事務的協商機制[26]，強化了中國現有利用拉丁美洲原物料生產的貿易結構，尤其中國的石油公司在上述國家均有管線工程或是油田標購案，今後中國在拉丁美洲將藉由參與區域經濟組織深化雙邊經貿關係，鞏固現有石油供應成果。

六、結　語

總而言之，中國的現今石油進口來源多元化的努力已見成效，中國在 1995 年時 70%的石油進口僅來自葉門、阿曼和印尼

---

[24] 蔡宏明，「坎昆會議的啟示：結盟」，《中國時報》（台北），民國 94 年 9 月 16 日，版 A15。

[25] Peter Hakim, "Is Washington Losing Latin America?", pp.45-47.

[26] 王鵬，「2004 年中拉關係回顧」，頁 45-48。

三個國家，隨著進口量的逐年增加，中國的石油進口來源地也分散到蘇丹、伊朗、俄羅斯、安哥拉和沙烏地阿拉伯等國家，可見中國的石油外交範圍愈見擴張，只要是油氣資源豐富的第三世界國家，都是中國拓展進口來源的可能選項[27]。不同於以往睦鄰政策強調的和平共處五原則與反霸制衡主張，中國現階段對中亞、中東、非洲、拉丁美洲等第三世界國家所展開的石油外交，其關注焦點逐漸跳脫意識形態輸出，轉向更務實的交往層次；不僅止於獲取經濟資源支持國力發展，而是以經濟為籌碼換取更多的戰略與貿易利益[28]。油氣計劃之執行成為對外關係戰略佈局的一環，針對各個產油國政經情勢制定策略，參與區域事務合作、推動高層互訪、銷售武器科技、行使聯合國安理會權力等手段交互運用，將石油供需關係與戰略安全利益相結合[29]。尤其中國近年

---

[27] Geoff Dyer, "China: Galloping demand raises big questions", *Financial Times*, October 23, 2006, p.D4.

[28] 和平共處五原則原為中國總理周恩來於1953年為處理中印兩國政治分歧所提出的「互相尊重主權和領土完整、互不侵犯、互不干涉內政、平等互利和平共處」五項原則，而反霸制衡具體的代表實例為1955年中國總理周恩來於萬隆會議所提出反對殖民主義、種族主義，爭取和鞏固民族獨立，保衛世界和平的主張，通常又被稱為「萬隆精神」；詳見：于有慧，「中共外交政策走向與選擇」，《問題與研究》（台北），第43卷第1期（民國93年1-2月），頁106。

[29] 中共利用聯合國常任理事國身份推展石油外交，以表決權換取產油國銷售原油，著名記錄有反對聯合國制裁蘇丹政府派兵鎮壓並屠殺 Darfur 地區居民的決議案，以及否決抵制伊朗發展核武試驗的決議案，中國並且與兩國維持密切的軍火交易，普遍受到國際與論譴責，詳見：于有慧，「胡溫體制下的石油外交與挑戰」，《中國大陸研究》（台北），第48卷第3期（民國94年9月），頁37-39；Richard F. Grimmett, *Conventional Arms Transfers to Developing Nations, 1998-2005* (Washington DC: Congressional Research Service, October 2005), pp .31-33.

在拉丁美洲的石油外交屢有斬獲，增加巴西、阿根廷等地區油田開發案，與委內瑞拉的石油合作更令美國感到芒刺在背，同時擴大對中美洲國家經貿投資還兼有挖角台灣邦交國效益[30]。石油外交代表了中國以軍事及經濟強國身份在國際體系中享有更大的發言權，並積極參與區域事務合作，對第三世界國家外交逐漸轉化為石油合作格局下的安全體系建構，亦即在以往採取的和平共處路線中，強化積極參與區域事務、建立能源合作管道等諸般作為，鞏固中國獲取石油資源支持國家發展的戰略目的。

第二節　中國與產油國的爭議性外交關係

中國的石油外交安全複合體系從區域層次來看，係透過多面向參與區域經濟與安全事務經營對產油國家關係，就個別國家而言，發展石油銷售以外的貿易與政治關係鞏固石油安全體系則為優先考量；但是與第三世界產油國家的能源外交卻充滿許多安全爭議，對於產油國所在區域情勢安定經常帶來負面影響，從而威脅中國石油供應來源穩定，並造成複合體系的潛在安全困境。現今國際政治環境下，石油輸出國因石油資源的關鍵地位與利益所在，石油威權主義（Petro-Authoritarianism）現象蔚為趨勢，亦即許多政府組織與民主政治尚未健全的國家，依賴石油出口作為其國家收入主要來源，原有的威權體制藉由石油外匯強化了政權正當性，政治強人以增強國內威權統治排除其他勢力爭奪石油利益，成為民主發展浪潮的反動（Counter side），例如亞賽拜然、查德、埃及、伊朗、哈薩克、奈及利亞、烏茲別克、蘇丹、委內

---

[30] Joshua Kurlantzick, "China's Latin Leap Forward", *World Policy Journal*, Vol.XXIII, No.3, Fall 2006, pp.33-41.

瑞拉等國家[31]。尤其中國近年來奉行「走出去」的能源外交策略，加強對第三世界國家的石油開發，與前述的威權國家採取互不干涉的交往精神[32]、不過問該國內政狀況或人權發展，更能與新興石油威權一拍即合；中國以武器銷售或聯合國常任理事國權力發展「能源戰略夥伴關係」，石油輸出國即便受到歐美國家經濟制裁，也能利用石油外匯換得中國軍火與外交支持，維繫威權或強人統治，雙方可說是各取所需。

一、石油外交結合軍售

　　除了第一節所述發展經貿合作外，中國換取石油輸出國家銷售協議的外交策略還有兩種方式，第一種為武器銷售、第二種為外交支持。中國的軍火交易在 1980 年代以前多出口至社會主義國家陣營，銷售範圍以步槍輕兵器、防空飛彈或是戰鬥機為主；中國的軍火工業受前蘇聯扶助成立，出口產品大多仿製俄式裝備，較著名者計有沿襲蘇聯 T-54 的 59 式坦克、MIG-19/21 的殲 6/7 戰機、P-15 冥河的 HY-2 蠶式飛彈[33]，中國出口軍火被視為價格更低廉的俄式二線產品，自 1987 年以後出口範圍開始擴大到中東地

---

[31] 根據 Michael Ross 從 1971 至 1997 年針對 113 國的研究，過度的石油財富會妨礙國家進行民主化，因為多餘的石油財富可減少對民眾徵稅，爭取民意支持，政府也能施展更多的恩寵給付（tronage spending）以壓抑民主要求；詳見：Thomas L. Friedman, The First Law of Petro-politics, *Foreign Policy*, no. 154 (May/June 2006), pp. 28-36.

[32] Zha Daojiong（查道炯）, "An Opening for U.S.-China Cooperation", *Far Eastern Economic Review*, vol.169, no. 4 (May 2006), pp. 44-47.

[33] Francois Godemont, "China's Arms Sales," in Gerald Segal and Richard H. Yang ed., *Chinese Economic Reform: The Impact on Security*, London and New York: Routledge, April 1996, p. 98.

區，提供受到武器擴散協議限制的中東國家其他選擇，從沙烏地阿拉伯的 CSS-2 中程彈道飛彈、伊拉克的 C-602 反艦飛彈、敘利亞的 M-9 短程彈道飛彈到伊朗的蠶式飛彈皆是，其中蠶式飛彈在兩伊戰爭期間伊朗用於封鎖荷姆茲海峽時聲名大噪[34]。

中國為減少對中東進口原油依賴，國家石油公司更積極地在前蘇聯與其他政治動盪地區探勘油源，除了傳統的俄羅斯、委內瑞拉、哈薩克等合作對象外，對於蘇丹、伊拉克等因人權紀錄惡名昭彰受西方抵制的國家，以軍售和經援交換石油的現象越趨頻繁[35]；尤其中國海洋石油公司收購美國優尼科石油公司（Unocal）受阻後，中國國內又興起民族重商主義的聲浪，呼籲政府與石油公司應該更積極地開發占中國現今進口原油比重仍低、亦即美國後院的拉丁美洲與其他被美國視為流氓國家（Rogue State）的第三世界產油國[36]。中國 1998 至 2005 年武器銷售總金額為 101.57 億美元，居於美國、俄羅斯、法國與英國之後排名世界第五，種類大多為低科技、低單價的輕兵器與防空飛彈，而且其中 97.7％ 都銷往發展中與低度開發國家，雖然金額仍為第五高，但占外銷比重確實明顯高於歐美國家[37]。以軍火交易鞏固石油銷售策略得

---

[34] Daniel Byman and Roger Cliff, *China's Arms Sales: Motivations and Implications* (Santa Monica, Ca.: RAND Corporation, February 2000), pp.3-5, pp. 51-53.

[35] Pete Engardio, Dexter Roberts and Catherine Belton i, "Growing up fast: Chinese oil giants are finally becoming serious global players, *Business Week*, no.3826 (Mar 31, 2003), p.52.

[36] Charles E. Ziegler, "The Energy Factor in China's Foreign Policy", *Journal of Chinese Political Science Review*, vol.11, no.1 (Spring 2006), pp.14-17.

[37] 根據美國政府統計，美國銷往發展中國家軍售金額與占總額比重為 747.3 億美元、69.68％，俄羅斯為 424.64 億美元、93.01％，法國

以發揮效果的原因在於，利比亞、伊朗、緬甸等國家長期受到美國貿易禁運制裁，無法取得歐美國家武器銷售管道，而中國軍火供應價格、零件更換維修、後續人員訓練與技術移轉等諸多優勢深受青睞，銷售範圍也從傳統武器擴大到軟體技術與核生化裝備[38]，除了鞏固石油交易之外，還能藉由軍售拉攏部分處於內戰狀態國家例如安哥拉的親中勢力。

二、對中東地區軍售

中國在中東地區石油結合軍購的策略是石油公司與軍事工業複合體（Military-Industrial Complex, MIC）為主力。以北方工業公司（NORINCO）為例，本身是綜合性產業集團、旗下有道路工程與機械設備公司，在伊朗承包首都德黑蘭市地鐵工程與彩色電視工廠生產線、在沙烏地阿拉伯與當地政府合建紡織廠，與中國石油管道建設公司也有共同投標伊拉克油田工程的紀錄[39]。尤其長期遭受貿易禁運的伊朗、利比亞兩國，中國仍然無視美國、歐盟與聯合國多項禁令繼續軍售，1996 年美國通過伊朗利比亞制裁法案（Iran- Libya Sanction Act, ILSA）之後，北方工業因轉移中程彈道飛彈技術給伊朗，而在 2003 年後多次遭到美國懲處限制

為 202.97 億美元、61.03％，英國為 105.64 億美元、65.67％，美俄仍為第三世界最大武器來源，而中國軍售種類與模式近似俄羅斯；詳見：Richard F. Grimmett, op.cit., pp.23-27.

[38] Daniel Byman and Roger Cliff , op.cit. , pp.3-6.

[39] Flynt Leverett and Jeffery Bader ," Managing China -U.S. Energy Competition in the Middle East ", *The Washington Quarterly* ,vol. 29, no. 1（Winter 2005/06）, pp.187-201.

該公司在美輕兵器銷售[40]。中國軍事單位經商現象非常普遍,範圍更是包山包海,除了前述北方工業隸屬國防科工委之外,像另一家經常被列入擴散武器科技黑名單、隸屬總參謀部的保利實業(POLY)在中國國內還從事土地開發,這些複合集團公司(Conglomerate)進軍國際軍火市場時,因為拓展業務收入以及肩負鞏固邦交的政策任務,早已經與當地政府發展出不限於軍售的合作關係[41],進一步強化石油供需的互賴。中國在伊朗的石油開發近年來頗有斬獲,例如從 1999 年以來中國石化標得札瓦雷卡山(Zavareh-Kashan)、亞達瓦蘭(Yadavaran)、喀姆薩(Garmsar)油田與夏薩德(Shazand)、達布里茲(Tabriz)、雷伊(Rey)煉油廠工程,中國石油標得馬伊蘇(Masjed-I-Suleyman, MIS)、柯達許(Kouh- Dasht)油田,伊朗出口至中國的原油也從 2000 年的每日 14.05 萬桶增加到 2005 年的每日 28.66 萬桶,佔 2005 年每日進口均量的 15%,位居中國第三大原油進口國[42],可見中伊石

---

[40] Bill Gertz , " Chinese firm hit with U.S. sanctions " , *The Washington Times* , May 23, 2003, p.A12 .

[41] 保利公司主要銷售解放軍現行採用的飛彈與坦克,並辦理解放軍較複雜科技之武器進口事宜。扣除掉地方軍區經商增加外快的例子,中國的軍工複合公司從事一般商業與武器銷售、且具有代表性的公司還有隸屬總政治部、銷售軍事通訊監察器材為主的凱利實業,隸屬總後勤部、銷售軍用配件的新興公司,詳見:Thomas J. Bickford, "The Chinese Military and Its Business Operations: The PLA as Entrepreneur", *Asian Survey* , vol. 34, no. 5(March 1994), pp.462-463.

[42] 中國在伊朗石油投資案資料詳見:田春榮,「2005 年中國石油進出口狀況分析」,《國際石油經濟》(北京),第 14 卷第 3 期(2006 年 3 月),頁 4;Flynt Leverett and Jeffery Bader ," Managing China -U.S. Energy Competition in the Middle East ", pp.195- 197;中國海外石油投資統計網,網址:http://ics.nccu.edu. tw/ cgr/mid_east_area.php?id=14。

油及軍售合作關係的緊密。

　　但是軍售伊朗也讓中國陷入進退維谷的處境。伊朗在 2004 年宣布提煉濃縮鈾，遭到美國爲首的歐美國家延長貿易制裁，伊朗保留發展核武科技的可能性以因應美國進佔伊拉克與以色列軍事行動，確保中東地區親伊朗的什葉派勢力發展。中國在安理會投票中一直保持中立的曖昧立場、同時必須承受國際間指責核能技術移轉伊朗之聲浪，以免危及兩國石油外交關係，區域情勢陷入對抗僵局、從中東進口原油的穩定性也因此受到伊朗問題影響[43]。伊朗則是更積極向外拓展關係，在上海合作組織等區域場合加強與中國、俄羅斯、印度洽談能源合作事宜，要將中國拉入反對美國的聯合陣線[44]。除了伊朗，中東其他國家也構成石油外交複合體系有力的支持者；中國在 2002 年海軍就已巡迴出訪中東半島從事軍事交流，江澤民與胡錦濤等前後任領導人也到過沙烏地阿拉伯、利比亞、敘利亞、伊朗國事訪問，與前述國家領導人都簽署石油及軍售協議，在中東地區協助軍事科技轉移與銷售已經是中國推展石油外交的必備工具[45]。

三、對非洲地區軍售

　　在非洲，軍售更是中國發展石油外交的槓桿，隨著中國經濟發與對能源強烈的需求，中國開始將軍售重點擺在例如尼日、奈

[43] Dingli Shen, "Iran's Nuclear Ambitions Test China's Wisdom", *The Washington Quarterly* ,vol. 29, no. 2 (Spring 2006) , pp.55-66.

[44] Simon Tisdall , "Bush Wrong- footed as Iran Steps up International Charm Offensive", *the Guardian /UK edition*, June 20, 2006 p.5.

[45] Charles E. Ziegler, "The Energy Factor in China's Foreign Policy", pp.9-10.

及利亞、蘇丹、安哥拉豐富的石油蘊藏，辛巴威的白金、剛果與尚比亞的銅等天然資源豐富的國家[46]。2005 年從非洲地區進口原油量已僅次於中東地區，占中國境外原油總進口量的 28％，而中國石油公司探勘腳步也從原有利比亞與埃及逐步向撒哈拉沙漠以南推進，目前安哥拉、蘇丹、剛果都已名列十大原油進口來源國[47]。中國的軍售在非洲具有舉足輕重的地位，從 1998 年到 2005 年對非洲軍售金額為 15 億美元，佔非洲國家對外採購武器金額的 11.6％，僅次於俄羅斯的 19 億美元[48]。配合一般經貿推展亦極具成效，中國於 2006 年 1 月發表的《中國對非洲政策白皮書》中宣示拓展中非貿易的範圍、加大對非洲的投資力道，總結其成果為已減免 25 個非洲國家 190 項關稅待遇，2000 年成立中非論壇後註銷超過 20 億美元債務，促成雙邊貿易成效卓著，已經突破 400 億美元大關[49]。

中國原以提供軍火或購買原油作為經援非洲國家貸款的附帶條件，現已轉變為以武器交易及商業投資來鞏固石油及原物料進口的需求關係，例如中國有色金屬工業公司在辛巴威、尚比亞均設有銅礦礦區，交換條件為提供辛巴威行動電話基地台設備與贊助尚比亞價值 6 億美元的水力發電站，另銷售 18 架戰鬥機與 100

---

[46] 黃澤全，「開拓中非合作新思路」，頁 21-23。

[47] Ingolf Kiesow, *China's Quest for Energy：Impact Upon Foreign and Security Policy*, pp.49-53.

[48] Richard F. Grimmett, op.cit., pp.48-49 .

[49] 張銘坤，「這次帝國從東而來？」，《新聞大舞台》（台北），第 41 期（2006 年 11 月），頁 31-35。

架武裝直升機給辛巴威[50]。中國在不輸出核武的前提下，還協助伊朗與阿爾及利亞從事核分裂實驗[51]，對於軍售換石油的策略操作更是純熟，自 1991 年對在非洲最大的石油投資國蘇丹出口 Y-8 型運輸機開始，中國陸續出口 6 架殲七型戰鬥機、50 架直六型直昇機、100 台 108 厘米反戰車砲[52]，無視於國際間對蘇丹實施的貿易禁運，協助蘇丹政府強化鎮壓達富爾地區叛軍能力，蘇丹因此成為中國在非洲最大的武器買主，雙方緊密的石油／軍售依存關係使中國得以於 1997 年標下穆格拉（Muglad）1、2、4 號油田[53]；由於內戰地區接近中國投資油田，叛軍勢力之一的蘇丹人民解放軍還曾經擄獲中國的軍事顧問，充分顯示中國為鞏固蘇丹石油銷售，軍事援助的手段也越形深入[54]。

非洲其他處於內戰狀態的國家亦復如此，中國藉由軍售特定勢力與組織支持其獲取政權，再以承包當地油田探勘工程做為回報；例如在安哥拉與前蘇聯、古巴共同支持「安哥拉解放人民運動」，現在安哥拉是中國第三大石油進口來源國，在查德支持現任總統德比鎮壓叛軍「查德民主正義運動」（Movement for

[50] Joshua Eisenman and Joshua Kurlantzick, "China's Africa Strategy", *Current History*, vol.105, no.691(May 2006), pp. 219-224.

[51] 于有慧，「胡溫體制下的石油外交與挑戰」，頁 40。

[52] Daniel Byman, Roger Cliff, *China's Arms Sales: Motivations and Implications*, pp.51-53.

[53] 林文程，「冷戰後中共與非洲國家軍事合作關係之研究」，《國際關係學報》（台北），第 13 期（民國 87 年），頁 180。

[54] 蔣忠良，「中共之石油戰略與其對非洲關係」，《問題與研究》（台北），第 42 卷第 4 期（民國 92 年 7-8 月），頁 119-122。

Democracy and Justice in Chad, MDJC）[55]，在奈及利亞支持現任總統歐巴三鳩（Olusegun Obasanjo）鎮壓奧格尼族（Ogonis）異議份子，中國以軍售確保石油產銷關係穩固，但是上述國家的內戰狀態卻也威脅了中國的油田投資安全，從而造成了石油安全的風險。

四、對航線樞紐國家軍售

中國結合軍售及石油外交不僅是著眼於產油國，具備地緣戰略重要性的非產油國也獲得中國的軍售及各項軍事合作以換取支持，尤其海上石油運輸航線（Sea Line of Communication, SLOC）經過的國家，在接受中國各項援助之後成為建構石油安全複合體系重要的成員，確保中國隨時瞭解運輸航線的情勢變化，不至於完全受制於海軍力量強大的美國[56]。例如在印度洋沿岸的柬埔寨、緬甸、孟加拉、巴基斯坦等國家以興建深水碼頭、先期預警雷達站、潛艦運補基地等設施與銷售步槍、薩姆防空飛彈（SAM）、HY-2 攻艦飛彈、T69 式主戰坦克等裝備強化與珍珠島鏈國家合作關係[57]，又例如東非的吉布地（Djibouti）扼守紅海通往亞丁灣與印度洋的要道曼德海峽，鄰近蘇丹面向紅海的石油出口港－蘇丹港（Port Sudan），法國與美國均在此駐軍，中國也藉

---

[55] Amy Myers Jaffe and Steven W. Lewis, "Beijing's Oil Diplomacy", pp.127-128.

[56] Ingolf Kiesow, China's *Quest for Energy: Impact Upon Foreign and Security Policy*, pp.46-48.

[57] 詳見：Daniel Byman, Roger Cliff, *China's Arms Sales: Motivations and Implications*, pp.49-53; Amy Myers Jaffe and Steven W. Lewis, "Beijing's Oil Diplomacy", p.127.

由提供低利貸款與武器銷售建立與吉布地的「戰略夥伴關係」，增強對紅海運輸航道的資訊蒐集[58]。

五、石油外交結合國際支持

中國對石油威權國家發展關係的第二項途徑為外交支持，石油威權國家或因支持恐怖主義、或因為國內人權問題與核擴散問題受到歐美國家外交及貿易制裁，對於需求石油資源若渴的中國而言，以聯合國安理會成員國身份與經濟大國財力予以外交支持，換取進口石油管道多元化的安全利益無疑是非常划算的交易，美國便有學者指出中國與俄羅斯、伊朗、委內瑞拉、利比亞、蘇丹、緬甸等國家因為石油供需利益結合而成的「石油軸心」（axis of oil），將與美國地緣利益發生衝突、威脅歐美國家推展民主理念[59]。

案例一：蘇丹

中國以棄權或不履行方式維護蘇丹遭到的安理會決議案制裁，最早可以回溯到 1996 年 1 月 31 日因蘇丹涉及前埃及總統穆巴拉克（Hosni Moubarak）行刺案而受 1044 號決議要求引渡幕後主謀，當時中國即以棄權表達間接支持蘇丹，隨後 1054 號決議案要求各國撤出駐首都喀土木的外交使節，中國則完全不予理會，

---

[58] 吳建德，「中共推動軍事外交戰略之研究」，《中共研究》（台北），第 34 卷第 3 期（民國 89 年 3 月），頁 85。

[59] 此一名詞曾有卡內基國際和平基金會（rnegie Endowment）學者 Joshua Kurlantzick 於論著中提出，詳見：Geoff Dyer, "China: Galloping demand raises big questions", *Financial Times*, October 23, 2006, p.D4; Joshua Eisenman and Joshua Kurlantzick, "China's Africa Strategy", pp. 219-224.

也因此開啓了國際孤立之下中國與蘇丹的石油及經貿合作[60]。蘇丹因爲涉及 1998 年美國肯亞與坦桑尼亞大使館攻擊案而被美國施以經濟制裁長達 3 年之久，蘇丹國際孤立情況因爲 911 事件之後，美國加強對中東非洲地區石油資源經營而獲得解除[61]，但是中國早已佔得國際封鎖蘇丹時期開發的先機。

又例如蘇丹政府長期以來縱容阿拉伯裔民兵對達富爾地區所實施的種族清洗，即使歐美國家多次呼籲聯合國組織維和部隊進入該地區處理此一衝突，仍被中國以不干涉他國內政爲由多次否決提案，僅在 2004 年 7 月 30 日以棄權方式放行安理會 1556 號決議案要求蘇丹政府自行解除阿拉伯裔民兵武裝、2004 年 9 月 1564號決議案支援後勤裝備與資金提供非洲聯盟派遣維和部隊與事件調查團[62]；而且相較於派遣聯合國維和部隊進入達富爾地區，該

---

[60] 安理會對蘇丹政府所做出的 1044 號決議案與 1054 號決議案因為未設置相關監督委員會而對蘇丹無法產生具體作用，中國石油公司因此也得以進入蘇丹，詳見：蔣忠良，「中共之石油戰略與其對非洲關係」，頁 120；United Nations Security Council Resolution 1044, at: http://daccessdds.un.org/doc/UNDOC/ GEN/N96/021/72/PDF/N9602172.pdf?OpenElement 、 United Nations Security Council Resolution 1054, at: http://daccessdds.un.org/doc/UNDOC/GEN/N96/107/86/PDF/N9610786 .pdf?OpenElement。

[61] 楊祥銀，「聯合國為何解除對蘇丹的制裁」，《西亞非洲》（北京），2002 年第 1 期（2002 年 2 月 10 日），頁 39-42。

[62] Gérard Prunier , *Darfur: The Ambiguous Genocide* (New York: Cornell University Press, August 2005), pp.124-140; United Nations Security Council Resolution 1556, at: http://daccessdds.un.org/doc/UNDOC/GEN/N04/446/02/PDF/N0444602 .pdf?OpenElement, United Nations Security Council Resolution 1564, at: http://daccessdds.un.org/doc/UNDOC/GEN/N04/515/47/PDF/N0451547. pdf?OpenElement。

兩項決議案授權蘇丹政府與部分會員國人權狀況亦有疑慮的非洲聯盟自行處理善後問題，不讓歐美國家直接派遣維和部隊，中國一直聲稱尊重交戰雙方和平解決，但表決立場已經是明顯偏袒蘇丹政府。直到 2006 年 8 月 31 日安理會因中國棄權才通過 1706 號決議案派遣 1 萬 7 千名維和部隊支援非洲聯盟[63]，但議程的拖延已經有利於蘇丹政府有充裕時間追剿蘇丹解放軍（SLA）。

案例二：利比亞

　　利比亞因被控主使 1988 年泛美航空洛克比空難（Lockerbie air disaster）與 1989 年聯合航空法國空難而受到聯合國自 1991 年起長達 11 年的外交制裁與貿易禁運，伊朗則是自 1979 年發生伊斯蘭革命之後因支持恐怖活動而遭到聯合國外交制裁，在 2004 年又因為發展濃縮鈾科技而遭到另一波制裁、在國際社會中益顯孤立[64]；但是伊朗與利比亞在中國的石油安全複合體系中佔有非常重要的地位，原因在於兩國所生產原油品質極佳，多數為含硫量低於 5%的輕甜油，比印尼與沙烏地阿拉伯原油更適合中國原有脫硫技術能力較差的石化工廠[65]；而且兩國原油生產量與蘊藏

---

[63] 王湘江、王波，「聯合國安理會通過關於蘇丹達富爾地區問題決議」，新華網，2006 年 9 月 1 日，網址：http://news.xinhuanet.com/world/2006-09/01/content_5033207.htm 、United Nations Security Council Resolution 1706, at: http://daccessdds.un.org/doc/UNDOC/GEN/N06/484/64/PDF/N0648464.pdf?OpenElement。

[64] 依據中華民國外交部伊朗及利比亞地區國情網頁資料更新，網址：http://www.mofa.gov.tw/webapp/lp.asp?ctNode=272&CtUnit=30&BaseDSD=30

[65] Mehmet ÖGÜTÇÜ,"China's Energy Future and Global Implications". in Werner Draguhn and Robert Ash ed., China's Economic Security, p.48.

量均極爲豐富,伊朗 2005 年原油出口量爲每日 260 萬桶、排名世界第 4,利比亞 2005 年原油出口量爲每日 260 萬桶、排名世界第 11,預估至 2005 年底已探明儲量伊朗爲 1375 億桶、可開採年限 93 年,利比亞 391 億桶、可開採年限 63 年[66],兩國供應穩定性也勝過中國原有的葉門、阿曼等進口來源。中國在國際壓力下與伊、利兩國仍維持密切石油合作與軍火、貿易往來,國內公司也多次觸犯伊朗利比亞制裁法案(ILSA),在檯面下協助伊朗製造離心機以提煉濃縮鈾、並派遣軍事專家協助利比亞訓練情報工作人員,換取雙方更進一步的石油探勘合作[67]。

中國於洛克比空難事件中對利比亞多次釋出善意,包括 1992 年 1 月 21 日安理會第 731 號遞交利比亞藉嫌犯決議案表決棄權,1992 年 3 月 31 日第 748 號禁止空運及軍售決議案與 1993 年 11 月 11 日第 883 號凍結利比亞海外資產及禁止進口石油工業設備決議案,均協同俄羅斯及非洲聯盟發言要求本案件不必經過蘇格蘭法院,責由中立國審判[68]。而伊朗在伊斯蘭革命之後爲突破外交

[66] British Petroleum Company, *Putting energy in the spotlight: BP Statistical Review of World Energy June 2006* , pp.8-10.

[67] Thomas J. Bickford, *The Chinese Military and Its Business Operations: The PLA as Entrepreneur*, p. 469.

[68] 關於中國處理安理會洛克比空難決議案作為與聯合國安理會相關決議案內容,詳見:中華人民共和國外交部網站,網址:http://www.fmprc.gov.cn/chn/ 1677.html
United Nations Security Council Resolution 731, at:
http://www.terrorismcentral.com/Library/NGOs/UnitedNations/Security
CouncilRes/UN731.html、
United Nations Security Council Resolution 748, at:
http://www.terrorismcentral.com/Library/NGOs/UnitedNations/Security
CouncilRes/UN748.html、
United Nations Security Council Resolution 883,at:

孤立，曾試圖與歐盟及日本建立經貿關係，但是歐盟以人權及核擴散議題配合經濟制裁迫使伊朗改變國防自主的意圖、日本則跟隨美國腳步對其實施經濟封鎖，促使伊朗必須另求技術與資金來源，中國講求石油與工業產品的貿易推展、不涉及內政問題的交往策略，正好符合伊朗需求[69]。不過現今中國表達對伊朗的外交支持也有所鬆動，伊朗寄望中國在聯合國安理會以及國際原子能總署（International Atomic Energy Agency, IAEA）繼續支持伊朗主張的民用核能計畫，但是美國與歐盟持續對中國施加壓力，迫使中國必須在維持對歐美貿易關係賺取外匯與中東局勢穩定的總體利益上放棄縱容伊朗的曖昧立場，為伊朗尋求濃縮鈾計畫的解套方式[70]；例如在 2006 年 12 月 23 日安理會第 1737 號決議案表決棄權，實施貿易禁運、凍結海外資產與監督相關研發人員旅行措施，同時協調原子能總署人員安排赴伊斯法罕（Esfahan）研究設施的透明訪問[71]。

案例三：緬甸

　　緬甸自從 1962 年尼溫（Ne Win）政府上台之後便長期處於

---

http://www.terrorismcentral.com/Library/NGOs/UnitedNations/Security CouncilRes/UN883.html。

[69] Amy Myers Jaffe and Steven W. Lewis, "Beijing's Oil Diplomacy", p.129.

[70] Dingli Shen, "Iran's Nuclear Ambitions Test China's Wisdom", pp.61-62.

[71] Julian Borger, "We are not leaving, Gates warns Iran as troop surge begins", *The Guardian*, January 16, 2007; United Nations Security Council Resolution 1737, at： http://daccessdds.un.org/doc/UNDOC/GEN/N06/681/42/PDFN0668142.pdf?OpenElement。

軍政府的專制統治之下，雖然在 1990 年翁山蘇姬（Aung San Suu
Kyi）領導的全國民主聯盟贏得人民議會選舉的過半席次，旋即遭
到軍政府推翻選舉結果，翁山蘇姬本人也被丹瑞（Than Shwe）
軍政府軟禁迄今。緬甸國民生活水平低落，在國際間因經濟制裁
而處於孤立狀態，軍政府卻能長期屹立不搖，其經濟來源便在於
該國豐富的天然氣蘊藏、柚木與多樣的珍貴礦石。緬甸在 2006
年就賣給鄰近的泰國價值 20 億美元的天然氣，同時接受泰國 15
億美元資助興建水力發電廠並出售電力，對泰國的能源交易就佔
了 2006 年緬甸外匯來源的 40%，緬甸天然氣蘊藏量估計在 5380
億立方公尺左右，位在西部外海的瑞(Shwe)每年還能為軍政府帶
來 20 億美元以上的收益，泰國、印度、中國更因為對天然氣的龐
大需求而與軍政府密切交往[72]。

緬甸因為面向安達曼海、陸地接壤中國雲南省的特殊地緣位
置而受到中國重視，中國不但在科克群島及梅古伊港設有海軍運
補基地與雷達站監控此區域海上航線，而且避開麻六甲海峽瓶頸
的實兌港連結到昆明油管計畫也一直在籌畫當中，並支持對緬甸
軍售及發展核能工業。在中南半島西側維持一個反西方的孤立政
權對中國來說，既有牽制印度及美國海軍活動的地緣戰略意義，
同時又能為石油安全體系展開南面的窗口，相較於印度與東協國
家為穩定天然氣供應而積極爭取商業合作，中國在緬甸軍政府幕
後多面向的戰略交往發揮了更大的影響力[73]。也因此中國除了與

[72] Thomas Fuller, "Resources in Myanmar Keep Junta in Business", *The New Times*, October 8, 2007, p.A10.

[73] Emanuela Sardellitti, " 'Myanmar Courted by the Asian Players", *The Power and Interest News Report (PINR)*, March 8, 2007, on: http://www.pinr.com/report.php?ac=view_report&report_id=627&language_id=1。

緬甸軍事交流之外，還長期宣示不干涉他國，內政立場，在聯合國安理會否決對緬甸人權討論及相關制裁案，促使安理會僅能在2005 年 12 月達成非正式磋商緬甸問題的共識，在中國、印度及東協各國經濟及政治利益的考量下，國際社會仍然無法撼動軍政府專制統治及緬甸當前孤立的現況。

六、結　語

從緬甸、蘇丹與伊朗的案例可以看出中國以否決權拖延聯合國對其制裁案，換取石油與經貿合作的利益，即使受到歐美國家壓力改投棄權票，也能藉此獲得外交上與歐美國家討價還價的空間，充分展現石油外交作為整體外交策略一環的靈活手腕。中國在部分石油威權國家遭受國際孤立時提供貸款與軍售協助鞏固政權，作為軍售之外的策略應用，外交支持也會因應該國情勢趨向開放而轉變為協助融入國際社會，加強經貿關係開展。例如利比亞在 2001 年美國取消外交制裁之後，中國轉而利用中非經濟論壇貸款與關稅待遇減免的機會替利比亞爭取主辦非洲聯盟年會[74]。奈及利亞在前任阿巴恰（Abacha Sani）總統任內因內戰問題受到大英國協外交及經濟制裁，中國即以軍售換取奧格尼族佔領區的奈及利亞河三角洲油田開發權[75]；現任歐巴三鳩總統外交處境略有好轉，亟欲爭取聯合國安理會常任理事國席次，中國國家主席胡錦濤則在 2006 年 4 月 26 日的國事訪問重申支持安理會納入非洲國家的擴大代表性方案，並藉由中奈兩國石油戰略夥伴關係的

---

[74] 黃澤全，「開拓中非合作新思路」，頁 21-23。

[75] 林文程，「冷戰後中共與非洲國家軍事合作關係之研究」，頁179-180。

再確認,提供鐵路建設與電力供應網的專案貸款、並標得拉哥斯省(Lagos)沿海 4 個油田產區探勘合約[76];因此,今後可預見的是,只要石油開發利益還在,軍售與外交支持兩項策略就會繼續交替下去,以維繫產油國支持中國建構石油安全複合體系。

第三節　美國在中東及中亞勢力對中國的地緣衝擊

　　不論是從石油生產或就戰略位置而言,中東及中亞地區都是歐亞大陸地緣政治的樞紐,豐富的油氣資源、複雜的民族組成、扼守歐亞大陸陸地核心與海岸邊緣交錯位置、各方強權地緣角逐多項因素交互影響,都說明了中東及中亞地區在國際政治的重要性與情勢變化的複雜性。地緣政治上所定義的中東及中亞地區北從哈薩克開始,東至中國的新疆與巴基斯坦,西到土耳其與黑海交界,向南一直推進到東非的吉布地與厄利垂里亞,計有 25 個國家、超過 4 億人口;早從 18 世紀中就有英國與俄國沿著波斯、阿富汗、中國新疆西藏地區一線的軍事競爭,直到冷戰時期美俄的地緣對抗都還延續著英俄「大博弈」的遺緒[77]。區域內大多數國家種族與宗教信仰不一,各民族仇恨由來已久,印度與巴基斯坦

---

[76] 蔡信行,「油氣供應國情勢分析研究」,《能源報導》(台北),2006年 12 月號,頁 14-16。

[77] 英俄大博弈的起源是來自於俄屬中亞與英屬南亞次大陸的勢力衝突,背後動機則與地緣政治學上的心臟--內環新月地帶國家競爭相關,也因此成為冷戰時期美國圍堵政策的雛型。詳見:Robert Johnson, *Spying for Empire: The Great Game in Central and South Asia, 1757-1947* (London: Greenhill, April 2006) , pp.7-12.

的對立、土耳其與伊朗的對立致使本區域缺乏有效維繫秩序穩定
的大國，外有強鄰環伺，垂涎藉此掌控歐亞非大陸地緣核心的戰
略利益與豐富的油氣資源[78]。

一、美國積極介入

　　中東是全世界石油天然氣產量最豐富、已探明儲量最高的區
域，佔有世界 61%的石油儲藏與 45%的天然氣儲藏，而且相對處
於待開發狀態：沙烏地阿拉伯為本區域最大的石油生產國，預計
已探明儲量 2620 億桶，產量從 2004 年每日 1040 萬桶成長至 2030
年每日 1800 萬桶，至 2030 年仍將占中東 36%的石油產出；中東
天然氣總產量將從 2003 年的 3850 億立方公尺成長到 2030 年 1.21
兆立方公尺，伊朗與卡達仍佔有本區 2/3、世界 1/3 的產量[79]，加
計中亞與裏海地區 1405 億桶的石油儲量，本區域實為世界石油生
產的核心地帶，而且影響力將一直持續到西元 2030 年以後。以往
前蘇聯在中亞地區壟斷油氣資源開發，哈薩克石油與土庫曼天然
氣均向俄羅斯輸送，蘇聯解體之後歐美油商大舉進入裏海地區開
發，歐美國家更是藉由政治與經濟聯盟欲將中亞國家納入西方陣
營，鞏固石油進口關係，而俄羅斯亟欲恢復經濟繁榮，也將眼光
放在西伯利亞與裏海地區，希望藉由引進外資重拾主導能源開發

[78] Zbigniew Brzezinski, *The Grand Chessboard: American Primacy and Its Geostrategic Imperatives* (New York: Basic Books, October 1998) , pp. 43-45.

[79] IEA 的統計資料與 2030 年預測模型是將中東與北非地區合併計算，本論文將中東部分分開出來計算，詳見： Claude Mandil ed., *World Energy Outlook 2005 -- Middle East and North Africa Insights* (Paris: OECD, November 2005), p.54, pp.120-167.

之地位，因此造成各方勢力在中亞地區交錯競逐景象[80]。

從整個中亞與中東的地緣政治格局看來，美國從冷戰之後就採取一系列軍事與外交作爲來確保區域情勢符合美國掌控世界石油生產重鎮的戰略利益，同時排除區域內國家成爲地緣競爭者。美國在區域內一直積極拓展親美勢力，將最西邊的土耳其納入北約的軍事合作體系，利用以色列牽制敘利亞、埃及與伊拉克的軍力部署，南邊的沙烏地阿拉伯與西邊的巴基斯坦長期以來就是美國堅定的支持者，兩國皆與美國具有長久的軍售與外交合作關係；立場親美的盟邦從這三邊控制了往來聯繫歐亞非大陸的交通要衝，也讓美軍長期控制中東石油對外運輸的通道。冷戰時期在中東的地緣佈局是爲了遏止前蘇聯勢力在歐亞大陸中央地帶向海洋邊緣突破，並排除伊朗等伊斯蘭基本教義派勢力與蘇聯合作的可能性[81]。

二、顏色革命與軍援並行

前蘇聯解體後原加盟共和國獨立出來，美國更加緊經營高加索國家關係，欲將裏海石油資源納入其勢力範圍，以深化民主的名義提供軍事及經濟援助給親美領導人，例如支持喬治亞總統薩卡什維里（Mikhail Shaakashvili）的玫瑰革命（Rose Revolution）、吉爾吉斯總統巴基耶夫（Kurmanbek Bakiyev）的鬱金香革命（Tulip Revolution）與亞塞拜然總統阿利維夫（Ilham Aliyev）家族，其具體成果就是完成全長 1762 公里、耗資 36 億美元的巴庫一第比

---

[80] Claude Mandil ed., *World Energy Investment Outlook - 2003 Insights* (Paris: OECD, November 2003) , pp.153-155.

[81] Zbigniew Brzezinski, op. cit., pp.45-48.

里西一傑伊漢管道（Baku-Tbilisi-Ceyhan, BTC），讓阿利維夫得以
將巴庫的原油繞開俄羅斯的黑海港口、經過喬治亞從土耳其東南
方出口，美國方面除了有雪佛龍石油公司（Chevron）主導之外，
還協助喬治亞、亞塞拜然兩國組建裏海護衛隊(Caspian Guard）來
鞏固油管安全與監控裏海海上船隻動態，並防堵俄羅斯與伊朗的
軍事佈署[82]。俄國有鑑於BTC工程在經濟與軍事戰略上對俄羅斯
南面的威脅，於是透過國家管道運輸公司Transneft、籌組裏海產
區通往土耳其的新管道運輸計劃，意圖降低 BTC 工程的經濟效
益，同時使土耳其對俄羅斯石油的依存度提高到80%以上[83]。

　　美國藉由BTC管道取得裏海石油向土耳其輸出的成果，打
破前蘇聯黑海管道對亞塞拜然的長期壟斷，後續規劃則是要延
續BTC的開發成果，將哈薩克烏山地區原油與土庫曼天然氣都
沿著裏海沿岸輸送到巴庫向土耳其出口，加入爭奪中亞油氣資
源的行列。中國推動的上合組織從降低邊境衝突的安全需求一
直到發展出反恐及中亞油氣合作利益的外溢效果（Spill-over），
使得中亞的權力槓桿向俄羅斯及中國傾斜，俄羅斯及中亞國家
從亞太地區開展獲取石油資金管道，使得美軍監管海上航線的
優勢盡失，並且介入石油心臟地帶的腳步停留在亞塞拜然，美
國因此亟欲透過阿富汗戰爭的機會拉攏中亞國家，以反恐及經
貿、能源合作為誘因交換駐軍，如同在沙烏地阿拉伯駐軍維持
對中東地區影響力一樣[84]。

---

[82] Engdahl F.William, "Revolution, geopolitics and pipelines", *Asia Times*, June 30, 2005.

[83] John Helmer, "Putin's hands on the oil pumps", *Asia Times*, Aug 26, 2004.

[84] Alec Rasizade, "Washington and the Great Game In Central Asia", *Contemporary Review*, vol.280, no.1636, May 2002, pp.257-262.

美國具體行動便是以對阿富汗用兵名義與烏茲別克、吉爾吉斯洽談經濟援助交換租借空軍基地，取得哈薩克境內軍事基地緊急動用權，並提供武器裝備、邊防部隊與其他軍事人員訓練強化軍事合作關係，除了實際金錢援助好處外，中亞國家則因美軍有效剷除塔利班（Taliban）政權與其他伊斯蘭激進組織聯繫，減輕治安負擔而樂於加入美國陣營[85]。相較上合組織成立專責機構與發表宣言等反恐機制，美軍以更有效的軍事訓練及經濟援助換取基地駐軍，已經逐漸取得中亞地區主導權，接著推展北約東擴行動，建立北約組織與哈薩克、土庫曼、烏茲別克的和平夥伴關係，讓中亞國家彼此間對反恐行動產生意見分歧，削弱中國與俄羅斯於 2003 年主辦反恐聯合演習的號召力，當時即有烏茲別克未派員參與[86]；在政府背後支持下，歐美石油公司同時持續投入哈薩克和烏茲別克油氣產區的競標，提供另方面經濟誘因，等於牽制住了中國在中亞地區所開展的能源外交。

三、美國以軍力改寫區域秩序

有別於中國與俄羅斯採取的外交結盟方式，美國一向以軍事與經濟雙管齊下的策略加強對石油心臟地帶的控制，尤其軍事行動介入當地政局的強度在 911 事件後達到最高點，小布希政府高舉反恐戰爭的旗幟，採取三大行動壓制反美伊斯蘭政權。首先是於 2001 年 11 月以掃蕩蓋達（al-Qaeda）組織名義入侵阿富汗，

[85] Maynes, Charles William. "America Discover Central Asia", *Foreign Affairs*, vol.82, no.2, Mar/Apr 2003, pp.122-123.

[86] 張雅君，「上海合作組織反恐實踐的困境與前景」，收錄於邱稔壤編，《國際反恐與亞太情勢》（台北：政治大學國際關係研究中心，民國 93 年 7 月），頁 93-95。

扶植塔利班政府前部長卡札伊（Hamid Karzai）接替治理阿富汗，號稱以民主改造消除恐怖主義威脅[87]。若以地理位置來看，阿富汗位於烏茲別克、土庫曼南方，介於巴基斯坦與伊朗之間，戰略地位極其重要；早在 1979 年蘇聯爲尋求南方出海口而侵入阿富汗時，美國就秘密透過巴基斯坦支持塔利班對抗蘇聯，沙烏地阿拉伯出資贊助的蓋達組織也因此與塔利班培養出共生共存關係，美國能在 911 事件發生後不到 3 個月的時間內就攻克塔利班在山區的根據地，除了美軍強大的動員運補能力外，美國長期在阿富汗的經營，與巴基斯坦配合切斷物資支援恐怕才是主要原因[88]；而且美國也藉此打通中亞對外聯繫的窗口，達到塡補俄羅斯在中亞所遺留權力真空之目的。

　　其次是在 2003 年 3 月進攻伊拉克、逮捕海珊總統，美國在事件前後一直找不出海珊政權支持蓋達組織及存放大規模毀滅武器（Weapon of Mass Destruction, WMD）的證據，又越過聯合國管道與英國聯手展開軍事行動，因此飽受國際輿論抨擊[89]。在過渡政府組成之後，美國開始收割駐軍伊拉克的戰略利益，伊拉克是中東第四大石油生產國，石油已探明儲量則排名中東第三，現與本區域產量第一的沙烏地阿拉伯、產量第三的科威特同處於美國

---

[87] Robin Wright, "Bush Aims for 'Greater Mideast' Plan", *TheWashington Pos*, February 9, 2004, p. A2.

[88] Ahmed Rashid, *Jihad: The Rise of Militant Islam in Central Asia*, pp.191-196.

[89] 關於現實主義者與新保守主義份子對此次反恐戰爭深化民主主張之爭論，詳見：賴怡忠，「恐怖主義、新保守主義、國際政治──恐怖主義與美國的國際戰略爭論」，《當代》（台北），第 216 期（2005年 8 月），頁 50-61。

陣營，更利於美國控制中東石油資源[90]。同時駐伊美軍向東與阿富汗形成對伊朗的包圍態勢，向西和土耳其及以色列並立為戰略支點，發揮控制裏海高加索、紅海阿拉伯半島、地中海北非三大海陸交錯地帶的槓桿作用，牢牢抓住中東地區的地緣中心[91]。觀察反恐戰爭的軍事行動，雖然美國都在初期快速取得決定性勝利，而且號稱推展美國秩序（Pax-Americana）以取代伊斯蘭專制政權，但是隨著佔領區內游擊戰層出不窮與軍隊傷亡增加，美國小布希政府已經陷於主導中東原油分配利益及耗損軍力泥沼的兩難情境裡[92]。

因此第三項行動遏制伊朗發展濃縮鈾，美國即透過外交協商進行，避免直接訴諸武力壓制軍力較強大的伊朗，導致局面難以收拾[93]，除了安理會決議有限度經濟制裁以增加轉圜空間之外，

---

[90] 中東地區產量排名前四大的國家中，第一的沙烏地阿拉伯 2006 年每日石油生產均量為 1085.9 萬桶，第三位科威特為 270.4 萬桶，第四位伊拉克為 199.9 萬桶，在兩次波灣戰爭之後都已名列親美陣營，基本上均在美軍的控制範圍之下，唯獨第二位的伊朗（434.3 萬桶）不受美國影響。原本伊拉克的石油生產在 2000 年時達到最高峰，每日石油生產均量為 258.3 萬桶，超過科威特 210.4 萬桶位居中東第三，但因貿易禁運與戰爭因素而逐年衰退，最低點為 2003 年每日 134.4 萬桶，故統計時退居第四。伊拉克已探明石油儲量為 1150 億桶，按儲量計算應為區域第三大，未來影響力在於與本區儲量第四大的科威特可開採年限均超過 100 年。詳見：British Petroleum Company, *Putting energy in the spotlight: BP Statistical Review of World Energy June 2007*, pp. 6-8.

[91] 趙國忠，「美國在中東的軍事存在及其戰略企圖」,《西亞非洲》（北京），2006 年第 1 期（2006 年 2 月 10 日），頁 32-36。

[92] Simon Tisdall, "The worst in Iraq is yet to come", *The Guardian/UK edition*, October 17, 2006.

[93] Julian Borger, "We are not leaving, Gates warns Iran as troop surge begins".

主要是說服中國、俄羅斯兩國暫緩技術移轉，施壓伊朗接受國際檢查，衡諸中東局勢穩定，中國勢必在外交政策上支持會談選項[94]。雖然美國因為出兵阿富汗與伊拉克已有捉襟見肘之感，不過也對伊朗形成戰略包圍姿態，以限制伊朗不至於繼續支援革命輸出中東地區，藉此挑戰美國的地緣優勢。因此經過這三大行動，美軍已經成為貨真價實的區域秩序仲裁者，有效確保中東與中亞地區局勢走向符合本國利益。

四、美軍中央司令部

美軍在中東及中亞地區的軍力部署是由中央司令部（U.S.Central Command, CENTCOM）直接指揮，其責任區（Area of Responsibility, AOR）涵蓋了駐紮波斯灣、東北非犄角、裏海和中亞地區 25 個國家的所有陸海空三軍及海軍陸戰隊，責任區示意圖如圖 4.1 所示。

雖然中央司令部的責任區從西邊埃及到東面吉爾吉斯延伸超過三千英哩，其實戰略重心仍擺在占世界石油產量三分之二、前15 大產油國家中的 5 國所在的波斯灣地區。原有對美軍對中亞作戰部署是由太平洋司令部（U.S. Pacific Command, PACOM）編制下附屬於亞太地區常備部隊的單位負責，自從 1999 年 10 月移由CENTCOM 管轄之後，顯示美軍不再將中亞視為亞洲駐軍的邊區，而是與東非及中東並列監管油氣資源的戰略目標；而CENTCOM 固定維持 20 萬常備部隊與兩個以上航空母艦戰鬥群駐守在活躍的戰爭帶上，從 1983 年 1 月成立至今就已經參加四次

[94] 詳見：Dingli Shen, "Iran's Nuclear Ambitions Test China's Wisdom", pp.57-60；李大中，「剖析中共在伊朗危機中的利益擷奪」，《青年日報》（台北），民國 95 年 4 月 23 日，版 3。

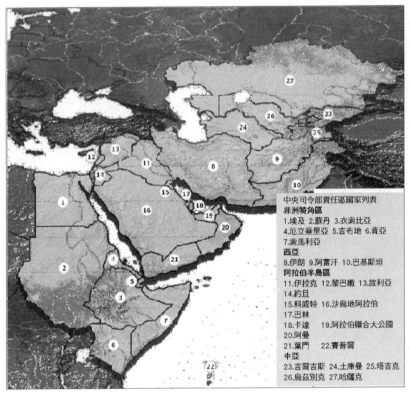

圖片來源：http://de.wikipedia.org/wiki/Bild:CENTCOM_AOR.jpg。

圖4.1　美軍中央司令部（CENTCOM）責任分區（AOR）示意圖

重大的區域戰爭、幾乎每天都有士兵在作戰與傷亡[95]。每天有超

---

[95] 四次戰爭是指：1980-1988 年兩伊戰爭、1991 年波斯灣戰爭、2001
年阿富汗戰爭以及 2003 年伊拉克戰爭。在 1991 年波灣戰爭的沙漠
風暴行動完成後，CENTCOM 也負責執行圍堵海珊的伊拉克政權，
並保護伊拉克與科威特佔領區的油井設施。詳見：Michael T. Klare,
Blood and Oil: The Dangers and Consequences of America's Growing

過世界總產量 20%的 1500 萬桶原油通過狹窄的荷姆茲海峽到世界各地，而 CENTCOM 主要任務在於回應「卡特主義」(Carter Doctrine)的軍事主張，以軍事力量綏靖中東局勢，保持航道開放與擊退任何對波斯灣石油生產穩定的威脅，防止伊朗革命後類似石油危機再次發生[96]，而其他司令部也開始加入保護海外油田和通往美國及盟國供應路線的任務，美國軍隊正轉變成保護全球石油的服務勞役部隊[97]，不惜以發動戰爭方式維持對重要產油國的控制權。

　　從 CENTCOM 的責任區分可以看出，美軍正以駐軍優勢建立中東與中亞地區三大戰略支點、掌控該地石油生產與地緣利益；主軸是透過對西向輸出歐美國家的大西洋航線與東向亞太國家的太平洋航線的海軍優勢，完成控制石油進口國對原油依賴的經濟

Dependency on Imported Petroleum (New York: Metropolitan Books, August 2004), pp.5-7.

[96] 1979 年 1 月伊朗革命成功，驅逐了親美的巴勒維王室，同年 12 月蘇聯入侵阿富汗，中東局勢急速向反美陣營傾斜，當時的美國總統卡特於 1980 年 1 月 23 日的國會演說中宣示，波斯灣石油的流通是美國的「重要的關鍵利益」，華盛頓當局將使用所有包括軍事力量之必要手段來保持石油流通，以因應當時的石油危機，時稱卡特主義。詳見：Howard Teicher and Gayle Radley Teicher, *Twin Pillars to Desert Storm: America's Flawed Vision in the Middle East from Nixon to Bush* (New York: Morrow, April 1993), pp.26-28.

[97] 目前美軍的四個海外司令部中，還有有南方司令部（U.S.Southern Command, SOUTHCOM）的部隊在協助保衛哥倫比亞內陸油田到沿海提煉廠之間的重要管線，以防止受到左派游擊隊不斷地騷擾；歐洲司令部（U.S. European Command, EUCOM）則正在訓練裏海護衛隊保護新建的 BTC 油管，並監管所有部署在北非與西非產油國的部隊；太平洋司令部（PACOM）的船艦和飛機也在印度洋、南海和西太平洋巡守重要的油輪路線。詳見：Michael T. Klare, op.cit., pp.7-9.

命脈，航線周邊以駐軍具有門戶地位的小型國家如阿曼、吉布地，往中亞內陸租借軍事基地與推展北約東擴納入高加索與東歐地區，從地緣關係將上述國家拉入親美陣營，藉以發展石油向歐美輸出、換取外匯的互賴關係，間接牽制中國向西、北鄰國發展能源與經貿外交[98]。即使中國從越南到印度洋巴基斯坦發展出珍珠島鏈的軍事合作關係，整體說來美軍在中國石油安全體系西面具有海上運輸線與陸地駐軍優勢，控制住中亞及中東地區對外交通門戶、對中國的能源外交與對俄羅斯/伊朗的地緣結盟都產生牽制作用，維持一貫主導歐亞大陸心臟地帶的策略[99]。

五、中國在美國之外的操作空間

中國對中東地區產油國家的關係經營，其價值顯現在成為渠等追求獨立於美國全面控制之外、自主發展石油出口利益的政策選擇。沙烏地阿拉伯自 1990 年代以來就是中國最大的石油進口國，該國在 911 事件之後，因為王室與蓋達組織密切的金援關係而使得對美外交關係陷入低潮，王室當中主張武器銷售與軍事人員訓練不應過度依賴美國的自主派勢力佔了上風，中國的軍火外銷被認為是自主派操作對外關係的關鍵角色[100]，雙方緊密的經貿

---

[98] 張文木，「美國的石油地緣戰略與中國西藏新疆地區安全——從美國南亞外交新動向談起」，頁 100 至 104。

[99] Thomas P.M. Barnett, "Asia's Energy Future: The Military-Market Link" in Sam J. Tangredi ed., *Globalization and Maritime Power* (Hawaii: University Press of the Pacific, February 2003), pp.189-200.

[100] 沙烏地阿拉伯皇室裡與向來親美的阿布杜拉國王（Crown Prince Abdullah）持不同意見的陣營中，自主派關鍵人物以沙國駐美大使班達親王（Prince Bandar）之父蘇坦親王（Prince Sultan）為代表，主張與俄羅斯、中國擴大交往以增加建軍之靈活性，詳見：Gal Luft and

及國防合作關係也展開了新的階段：2005 年國家主席胡錦濤訪問沙烏地阿拉伯時應邀出席宗族會議，解放軍的海軍艦隊也第一次抵達沙烏地阿拉伯及波斯灣地區敦睦訪問，中國石化集團則是與沙國國營亞美和公司完成青島及福建煉油廠、沙國中部石化煉製園區的合資案[101]。

伊朗為求突破外交困境、改善國內石化工業落後的窘境，也推出原油銷售折抵投資金額的優惠政策，有利於降低中國的礦區探勘風險，中國石化 2004 年 12 月在伊朗第二大亞達瓦蘭油田之投資案即為適用案例[102]；中國在國際制裁聲中，結合軍火銷售的能源合作因此也打開一條路，相較於聯合國另一個安理會常任理事國俄羅斯，中國對伊朗原油需求的經濟誘因比伊朗發展對俄關係及尋求國際支持來的穩固[103]。更重要的是與沙烏地阿拉伯及伊朗兩國的石油銷售合約都提及協助中國建立石油戰略儲備（Strategic Petroleum Reserve, SPR）制度，例如廣東湛江及浙江鎮海石油轉運港經協商後預計可達到 60 天的安全儲量，後續庫存原油煉化階段的山東青島及廣東茂名石化廠合資案也獲得了亞美和公司與伊朗國家石油公司（National Iranian Oil Company,

Anne Korin, "The Sino-Saudi Connection", *Commentary*, vol.117, no. 3 (March 2004), pp.26-29.

[101] 劉明，「新形勢下的沙特阿拉伯石油戰略」，《中國工業經濟》（北京），2005 年第 12 期（2005 年 12 月），頁 79-84。

[102] Amy Myers Jaffe and Steven W. Lewis, "Beijing's Oil Diplomacy", pp.123-124.

[103] Flynt Leverett and Jeffery Bader, "Managing China - U.S. Energy Competition in the Middle East", pp.187-201.

NIOC）的銷量保證與資金挹注[104]，中國與伊朗、阿拉伯雙邊建立互賴關係，更進一步確保了安全複合體系的建構。

美國長期在中東經營安全同盟體系、並且憑藉反恐戰爭駐軍中亞，又在印度洋及地中海常駐航空母艦戰鬥群，已經確實地掌握世界石油供需的生產中樞與運輸動脈；相對於中國在中東與中亞地區構築石油安全複合體系的意圖，產生相當程度的牽制作用。中國方面甚有論著認為，美國在國際輿論方面大肆宣揚「中國威脅論」，將中國與中東及中亞產油國的軍售及貿易合作視為挑戰美國霸權、危及地區穩定的行動，實際動機是要藉此合理化進駐中東的軍事部署，維持操控中國石油進口依賴的戰略性空間[105]。隨著全世界石油資源的日益稀缺，原油消耗量第一的美國與消耗量第二大的中國加總就佔了全球原油消耗的三分之一，而且進口來源都愈趨依賴中東地區，雙方是否可能在未來發生資源衝突，甚而引發全面對立，不但牽動中國石油安全複合體系後續發展，更影響全球能源市場走向。

六、收購優尼科掀起輿論大戰

中美雙方尚未因為石油安全議題引發直接衝突，但是在2005年中國海洋石油公司（中海油）意圖收購美國加州聯合石油公司

---

[104] 詳見：International Energy Agency, *China 's Worldwide Quest for Energy Security*, pp. 35-36; Yuan Sy and Yi-Kun Chen, "An Update on China's Oil Sector Overhaul", pp.36-43；崔新健，「中國石油安全的戰略抉擇分析」，《財經研究》（上海），第30卷第5期（2004年5月），頁130-137。

[105] 孫永祥，「裏海石油之爭的新動向及我國應持的態度」，《石油化工動態》（北京），第8卷第5期（2000年5月），頁10-13。

（Union Oil Company of California，亦稱優尼科石油 Unocal Corp）
的事件中卻充分反映了美國對於中國拓展石油進口管道的高度猜
忌。Unocal 截至 2005 年年底擁有 6.7 兆立方呎天然氣與 5.9 億桶
原油的已探明儲量，油氣儲量總計熱當量排名全美第九，Unocal
最有價值的資產在於持有印尼最大的天然氣田與泰國天然氣發電
主力系統，整個亞太及印度洋地區天然氣探勘合約包括緬甸、越
南、孟加拉在內，總蘊藏量僅次於中海油居世界第二，如果加計
Unocal 在環裏海區域的亞塞拜然及哈薩克投資、墨西哥灣區油氣
田與該公司最擅長的深海鑽探技術等資產，中海油一旦收購成功
等於獨霸東南亞海域天然氣生產，並且將投資觸角深入美國長久
經營的墨西哥灣陸棚與裏海管道集團 BTC 管道工程[106]。

　　中海油在政府支持之下提出全現金收購的優惠條件，意圖將
缺乏現金的 Unocal 納入旗下以強化其在東南亞及中亞的鑽探佈
局，但是收購案因爲觸及美國全球石油經營利益之敏感神經而招
致業界與大眾輿論撻伐，在美國國會推遲政府投資審查提案的干
預下，最後美國第四大的雪佛龍德士古（Chevron Texaco）在 2005
年 7 月 20 日以 46 億美元現金與 138 億美元公司股票完成收購，

---

[106] Unocal 較為重要的油氣資產包括:印尼已探明儲量最大的邦坦
(Bontang)天然氣田，緬甸的亞達納（Yadana）天然氣田；主導並持
有中亞地區裏海管道財團（Caspian Pipeline Consortium）15 ％以及
BTC 管道工程（Baka-Tbilsi-Ceyham pipeline）8.9％股份，哈薩克的
PE pipeline plant 100％與卡拉查哥納克綜合營運（Karachaganak
Integrated Operation, KIO）20％股份，亞塞拜然的亞塞拜然國際營運
公司（Azerbaijan International Operation Company, AIOC）10.3％股
份。該公司在東南亞以及中亞地區長久經營的鑽探事業與其技術傲
視同儕，但是公司經營不善，在孟加拉與緬甸天然氣田現金流量不
如預期，導致其低落的投資報酬率也拖垮營運，因而引發國際石油
公司的爭奪戰。

持有油氣總資產因此躍居全美第二、全球第五大石油公司，即使中海油已開出更優惠的每股 67 美元、總計 185 億美元現金收購條件，仍然敗下陣來[107]。美國輿論擔心境內墨西哥灣與阿拉斯加油田等戰略性資產受到中國操縱，而且不同於 1980 年代日本企業收購美國資產，中海油基本上仍爲政府控制的石油公司，如果掌握 Unocal 油氣資源，對於東亞區域安全及美國裏海管線計畫都將造成深遠影響；而中國輿論則是群情激憤地指控美國意圖壟斷全球石油資源，不惜妖魔化中國以防堵其大國崛起的雄心[108]，中美雙方首次因爲爭奪石油資源而直接針鋒相對。

中美兩國在外交場合因爲爭奪石油資源所引發的緊張關係其來有自，近年來中國利用經貿論壇、軍售及外交支持等方式爭取產油國合作的能源外交攻勢頗有斬獲，尤其在拉丁美洲積極拉攏反美的委內瑞拉查維茲政府和玻利維亞莫拉雷斯政府，引發美國對於中國勢力伸入美國後院的疑慮，加上中海油意圖收購 Unocal 石油取得墨西哥灣以及近海鑽探技術，更使得中美雙方爆發能源衝突的潛在問題浮現檯面。如本章第一及第二節所述，中國在拉丁美洲與非洲的能源外交頗有進展，對於利比亞及蘇丹問題更是與歐美國家立場相左，輔以經濟援助與軍售措施，也因此從單純的購油國搖身一變，成爲建立鑽探和生產設施的合作夥伴，更加鞏固了中國開拓非洲石油進口來源之版圖。美國認爲崛起的中國擴大石油需求將會加重全球石油供應情勢的緊張，進而造成另一波能源危機，而中國因爲國內生產停滯，未來 30 年所增加的石油

---

[107] 李鏵龍，「無視美眾院壓倒性反對　中海油執意併購優尼科」，《工商時報》（台北），2005 年 7 月 3 日，版 5。

[108] 袁宏明，「新能源的夢想與困境」，《新財經》（北京），2005 年第 9 期（2005 年 9 月），頁 73-75。

消費確實都是來自進口，也可能造成國際油價水漲船高。

　　若佐以數據分析便會發現美國觀點的不足之處，從國際能源總署與英國石油公司的研究報告當中可見端倪。若以 2006 年作爲比較基期，美國石油消耗量爲每日 2058.9 萬桶，等於全世界 4.8％的人口用掉了全球 24.1％的原油消費，約等於整個歐洲加上獨立國協國家的消耗量，而占世界人口 20％的中國爲每日 744 萬桶，雖然消耗量排名世界第二，卻只占全球消耗的 9.1％，僅有美國的三分之一；如果扣除國內生產量，中國爲每日需要進口 50.51％的石油（376 萬桶），美國石油進口比重則高達 66.6％，亦即每日需 1371 萬桶，仍爲中國的 3.66 倍，哪個國家應該爲原油供應緊俏的情勢負責其實顯而易見[109]。基於經濟發展所帶動的民生消費成長，中國至 2030 年以前仍維持每年 3.4％的原油消費複合成長率，居世界第一，2030 年將達到每日石油消耗量 1330 萬桶的驚人數字，但仍少於美國現在的消耗量，而且屆時美國消耗量將達到每日 2760 萬桶；石油消費每年複合成長率排名於後的區域非洲（3.4％）、亞太地區（3.0％）、印度（2.9％）屆時石油總消耗量也將高達每日 2050 萬桶[110]，因此將未來石油供應緊缺歸責於中國其實是不盡公平的指控。

七、美國意在遏制其他國家挑戰霸權地位

　　就石油外交觀點而言，美國對於中國崛起論調的疑慮應該是來自於中國開拓石油外交，對於美國掌控全球石油輸出之威脅，

[109] British Petroleum Company, op. cit., pp.8-10。

[110] Claude Mandil ed., *World Energy Outlook 2004* (Paris: OECD Publication Service, November 2004), pp.82-85.

中國對於蘇丹的外交與軍售支持使得蘇丹原油躍居中國進口來源的第七位，在非洲僅次於安哥拉，中蘇關係的增進引發了美國的危機意識，也因此美國更積極地介入以往忽略的蘇丹達富爾問題仲裁，以免落後於其他歐美國家，並錯失蘇丹原油出口的商機[111]。美國意識到非洲石油生產的潛力而加強經營此一區域，國務卿包威爾於 2002 年出訪產油國安哥拉與加彭，介入西非國家調解剛果內戰，並鼓勵尼日退出 OPEC 組織運作，甚有論者主張美軍應該於非洲單獨成立「非洲軍事指揮部」（U.S. Africa Command, AFRICOM），總部並設於西非島國聖多美及普林西比，以利就近監控美國在非洲最大的石油進口地區-幾內亞灣與奈及利亞[112]。在中東與中亞地區美國的危機感更顯得深重，美國完成長期駐軍中亞、並成功取得阿富汗與伊拉克的控制權之後，對於石油心臟地帶的控制只剩下伊朗還無法解決，因此伊朗動向堪稱今後美國中東政策核心[113]。

伊朗為世界第四大石油出口國，又占有波斯灣地區出口的荷姆茲海峽控制權，本身動向等於扼住世界 21％石油出口動向，1979 年伊朗政變所造成的石油危機便可見其影響力。未來伊朗外交政策走向於全球更是動見觀瞻，因為伊朗位於石油蘊藏潛力巨大的裏海南方，是土庫曼及烏茲別克等國家南方門戶，俄羅斯向

---

[111] 楊祥銀，「聯合國為何解除對蘇丹的制裁」，頁 39-42。

[112] 詳見：亢升，「美國因素與中國在非洲的石油安全與外交」，《理論導刊》（西安），2006 年第 4 期（2006 年 4 月），頁 79-80；Joshua Eisenman and Joshua Kurlantzick，"China's Africa Strategy", pp. 219-224.

[113] 詳見：Robin Wright，"Bush Aims for 'Greater Mideast' Plan"，*The Washington Post*, February 9, 2004, p.A2；趙國忠，「美國在中東的軍事存在及其戰略企圖」，《西亞非洲》（北京），頁 32-36。

南方發展、中國向西方發展都不可或缺的關鍵夥伴，因此中西亞經濟合作組織與上海合作組織都積極爭取其加入能源對話，中俄兩國也允諾支持其主導的亞洲相互協作與信任措施會議。美國完成對伊朗的兩面包圍之後，忌憚於該國的核武發展及軍事實力，一直試圖透過國際機制限制其對外關係，而中國加強與伊朗的能源及經貿合作，無疑是打開美國圍堵的缺口，伊朗在中國支持下亦將更有本錢與美國周旋。美國在中亞地區掀起的顏色革命引發了烏茲別克的疑懼，也為中國與上海合作組織提供拓展中亞勢力的機遇，因此中國在中東及中亞地區影響力雖然仍不及美國，但仍有潛力成為其競爭對手，至少美國在伊朗問題上還必須爭取中國合作。

美國學者 John Mearsheimer 便認為，中國佔有亞太地區的中樞位置，相較區域內其他國家又兼具人口數量與陸上軍力的優勢，一旦經濟發展成為強大軍備的後盾，按照歷來強國向外擴張的歷史教訓，中國就會如同美國支配美洲般地支配亞洲，屆時中國將提出亞洲版的門羅主義，將美國驅逐出去；因此美國應該扮演境外平衡者防堵中國成為地區霸權，一如冷戰時期運用區域安全組織牽制蘇聯，同樣歐洲的德國即便歷經兩次世界大戰的挫敗，也仍舊是地區霸權候選對象。所以中國崛起造成的衝擊並不在於國際體系，因為國際政治向來都是強權所主導，其衝擊在於威脅美國超強地位，如同二十世紀美國取代英國稱霸全球[114]。體現在石油安全的觀點上，中國軍力擴張必須以健全石油供應為槓桿，維持南中國海到印度洋的航道軍事部署，必要時以武力捍衛航線控制權，並加強與伊朗、利比亞、蘇丹、安哥拉等產油國之

---

[114] John Mearsheimer, *The Tragedy of Great Power Politics* (New York & London: W. W. Norton & Company, January 2003), pp.83-87,234-237.

軍事合作,以防止美國或是亞洲其他能源消費大國如日本及印度搶奪油源分配權[115]。

八、石油外交合作意味大於就爭

但是就現階段中國從柬埔寨、緬甸、孟加拉到巴基斯坦的軍事合作而言,從輕兵器銷售、雷達站到油料運補措施,中國海軍對於印度洋經營還處於部署的初級階段而已,與美國相比還談不上運用兵力影響印度洋局勢的程度。除了與美軍實力的差距之外,主要原因為區域國家的態度使然;印度原本即與中國因邊境糾紛而關係緊張,中國又支持巴基斯坦發展核武及興建聯外鐵路強化對抗印度力量,有感於中國在北方的威脅,印度自然在美國拉攏下協同監控解放軍活動。美國在泰國駐軍牽制住了中國在緬甸及柬埔寨的軍事活動,而菲律賓、新加坡與馬來西亞向來便與美軍有長遠的軍事同盟關係,並非中國推展海事合作所能撼動。中國近年來大幅擴張海軍力量當然也引起美國警惕,現階段美國採取「擴大與交往」(Enlargement and Engagement)策略,敦促中國軍事建制透明化,意圖將中國納入區域安全體系的架構中,牽制其擴張軍力的意圖,並藉由強化對中國周邊國家軍事合作以掌控解放軍遠洋投射能力[116],因此中國海軍能否從周邊海域將勢力延伸到印度洋,就現階段而言存有本身實力發展與國際環境的雙重限制。

---

[115] Anthony H. Cordesman, *The Shifting Geopolitics of Energy-Fuel Choice, Supply, and Reliability in the Early 21st Century* (Washington, D.C.: Center for Strategic and International Studies, January 2001), pp.26-32.

[116] 陳永康、翟文中,「中共海軍現代化對亞太安全的影響」,《中國大陸研究》(台北),第 42 卷第 7 期(民國 88 年 7 月),頁 16-18。

事實上中國發展石油安全複合體系，首重產油國情勢穩定，其次爲運輸路線安全，避免區域性事件危及進口石油之供應。美國在中東中亞之部署既爲維持全球性霸權地位與國際石油市場穩定，中國不需要、也不必要與美國正面競爭航道控制權，因爲中國與亞太地區維持航道暢通的石油安全需求是一致的，如果引發軍事衝突而危及海上航線，反而不利於自身石油安全策略的操作[117]，況且將國力投注於遠洋海軍建設，想要達到追上美國的程度其耗費將是一筆天文數字，如果視爲對石油安全的投資，其成本效益實在令人懷疑，與對經濟發展的排擠相比簡直就是本末倒置，還有可能陷入與美國軍備競賽的前蘇聯一樣的困境，因此對現階段中國而言，與美國合作的利益還是遠大於競爭。

從中國近幾年以來的石油外交的推展軌跡，可以發現中國藉由參與中亞、非洲、拉丁美洲各地區域組織與擴大對產油國經貿往來鞏固石油產銷關係，國際市場上逐漸壯大的國家石油公司更是積極標購油田探勘案，軍售僅爲建立銷售合約之附加效益，而非以軍事途徑競逐對產油國主控權，因此中國中東事務方向選擇中立或與美國合作的態度，並未進一步支持伊朗、蘇丹等國家對抗以美國爲首的國際制裁，而是在軍售及外交支持的合作基礎上鼓勵伊朗、蘇丹等國家繼續與國際對話[118]，目前看不出在國際政治或能源市場中與美國一爭高下的企圖心。就建構石油安全體系的觀點而言，中國強化對產油國關係並不意味著對抗美國，相反地外交事務還必須採取與美國合作立場，避免地區情勢衝突危及

---

[117] 馬宏，「國家生命線：中外國家石油安全戰略比較與啟示」，《中國軟科學》（北京），1998 年第 12 期（1998 年 12 月），頁 30-36。

[118] Dingli Shen, "Iran's Nuclear Ambitions Test China's Wisdom", p.63.

石油供應安全[119]。尤其中國外匯出超來源主要來自美國，產油國任何情勢變化所導致的油價飆漲都將直接威脅美國經濟穩定，進而牽動中國經濟的持續擴張；美國在北韓、台海、中東區域問題及防止恐怖主義、核擴散、人民幣值議題上還需要中國的配合，即使美國掌控中亞及中東局勢牽制了中國向西面發展能源外交的可能性，中美雙方於能源進口及外交事務合作的利益實際上是遠高於衝突的。

九、結　語

美國透過阿富汗戰爭名義租借烏茲別克、塔吉克與吉爾吉斯的軍事基地，援助金額超過 2 億美元，在中亞駐軍包含阿富汗在內人數更超過 8 萬人，CENTCOM 又與當地政府進行反恐情報交換，降低了俄羅斯的軍事影響力以及上合組織的反恐機制作用，此發展趨勢促使俄羅斯重新思考與中國的戰略協作夥伴關係與更多的實質合作，以防堵可能發生的北約東擴納入中亞國家[120]。而CENTCOM 駐軍形成對伊朗的戰略包圍更增加其危機意識，促使伊朗利用上合組織與其他組織管道爭取中國與俄羅斯支持；值得注意的是美國的軍事圍堵反而給予中國地緣佈局的新契機，藉由外交支持及經貿利益拉攏俄羅斯及伊朗合作，鞏固中亞與中東地區石油進口與能源安全。因此中國在該區域能源合作將更廣佈各種外交政策層次，例如主導上海合作組織增強與中亞國家關係，

---

[119] David Zweig and Bi Jianhai, "China's Global Hunt for Energy", pp.25-38.

[120] 郭武平，「美伊戰後的中亞情勢」，《國際論壇》（嘉義），第 3 期（2004 年 7 月），頁 14-16。

即可看出中國在外交與能源政策的整合上在於追求務實的多邊主義，推動區域事務的多邊協商機制，不像美國以獨占領導國家地位自居，其能源外交強調廣結善緣，追求的是石油進口來源穩定與多元化的實益[121]，尤其中國石油安全複合體系鑲嵌於國際地緣政治的大環境，中東與中亞兩大端點在美國的政治軍事優勢之下，仍以穩定發展雙邊互賴關係為優先。

---

[121] Charles E. Ziegler, "The Energy Factor in China's Foreign Policy", pp.9-10.

第五章

結　論

　　中國從 1993 年之後成為石油進口國,隨著國內生產量與需求量缺口的逐年擴大,至 2005 年石油消費量的 48%已來自海外進口,而進口量的 70%又來自中東與非洲地區,進口石油之現狀為高度依賴西南方印度洋通往南海與東海的海上運輸航線,有關中國能源安全之研究實際上是環繞著進口石油路線情勢穩定與否以及中國因應措施為核心來探討。中國的能源安全問題,必須回歸石油供應之國家安全戰略意涵,跳脫傳統石油產銷關係研究,從國防安全、外交政策及經濟成長各項領域作出全面回顧,尋求橫跨各項安全利益面向的完整理論探討。更深刻地結合地緣政治學觀點,探究中國建構石油供應版圖的地緣優勢與效益,已經是當前相關研究當務之急。從中國地緣格局來看,中國位居東亞中心,正處於亞太地區與歐亞大陸的海陸雙重交會地帶,以本研究的探討,基於分散運輸風險與進口地區多元化的石油安全考量,促成海路運輸安全,向北面俄羅斯與西面中亞國家發展能源陸橋,兼顧海陸進口路線平衡發展佈局,並積極於中東、非洲、拉丁美洲地區發展經貿與能源合作關係將為中國建構石油安全必然的策略選擇。

　　將中國石油安全策略依照地緣關係結合安全複合體理論,探討中國如何藉由外交政策鞏固石油供應安全,務求針對上述研究動機做出更完整的回應,因此從第三章至第五章分別敘述此一體系的三大面向。其中海路面向為中國、日本、東協、中東的四角關係,核心議題為海上運輸航線安全性,以及與鄰國領海爭議;陸路面向為中國、日本、俄羅斯、中亞的四角關係,核心議題為歐亞能源陸橋前景,以及區域組織之於石油外交作用;國際面向為中國、美國、中東、中亞,兼及拉丁美洲以及非洲產油國關係,核心議題為中國能源外交內涵與美國的能源－地緣政治雙重佈局。各面向個別視為單一安全複合體系,探討中國石油安全策略與牽制因素所在，三個次體系綜合起來便是中國以能源需求爲核心，運用外交、軍事、經濟等全般策略追求能源安全，各面向之間又交互影響的完整體系。

運用 Barry Buzan 的安全複合體概念來描述中國的石油安全策略，我們發現體系成員具有行爲主體的多元性、互動行爲的多樣性，同時成員間競爭及合作關係處於變動狀態，中國的外交作爲與競爭對手牽制力量交錯後形成動態平衡，並且促使體系得以繼續運作，下述三項研究發現，使得安全複合體學說解釋力獲得更進一步地推展，同時對於觀察中國石油安全策略未來的走向具有參考價值。

一、多元行爲主體

首先是行爲主體的多元性。Barry Buzan 主張的安全複合體學說是對國際政治學說的結構現實主義學派做出修正，Barry Buzan 認爲現有的國際體系與國家爲主的單元體中間應插入「區域」的層次，亦即具有地理接近性與安全依存需求的國家形成群組，國家群組間互動由恐懼、懷疑、仇恨、妒忌和冷漠等所支配，形塑出戰爭、聯盟、均勢、軍備競賽、安全困境、安全複合體、國際社會、國際機制等模式，現代國際社會才能走向「成熟的無政府狀態」，因此公司產業、個別國家、區域組織到國際組織都應該與國家都列爲國際體系行爲主體[1]。區域層次的概念如果套用於特定國家石油策略研究亦具有其適用性，因爲石油安全係從國家角度

---

[1]　Barry Buzan, *People, States and Fear: The National Security Problem in International Relations --An Agenda for International Studies in the Post-War Era* (Boulder, Colo.: Lynne Rienner Publishers, January 1991), pp. 96-105.

突出石油供應穩定的經濟安全利益，除了國家行為層次之外，國家之下的石油公司投資行為，與國家之上的區域組織事務參與都是國家鞏固石油安全之策略運用，三個層次行為主體安全利益是相互連結的。

以中國石油安全複合體系為例，本書分析中國開展石油外交，是以中國為核心的地緣政治格局描述三項次體系，體系的海路面向為中國鞏固海上運輸航線安全之策略，論及寮國、緬甸、巴基斯坦的軍事合作，並從南海爭議協商發展出參與東協國家能源開發及經貿合作，以及與日本競爭東協海事合作利益及東海海域劃分等關係；陸路面向為投資俄羅斯和中亞國家石油資源、興建能源陸橋，同時藉由上海合作組織推展反恐、經貿與能源合作事務；國際面向為建立對中東、非洲、拉丁美洲產油國能源合作，加入區域經貿論壇強化能源供應關係，並且在美國軍事及經濟霸權優勢下以軍售和外交作為等各種迂迴方式建構石油安全複合體系。次體系由國家群組所構成，便很接近 Barry Buzan 論述的區域概念，石油公司與區域組織都是體系內多樣化的行為主體，因此互動行為從石油公司合作案出發，論及國家間利益合作與衝突，並推展到區域組織運作層次，所牽涉的行為主體也就不僅止於國家。

二、體系互動行為多樣性

其次是體系互動行為的多樣性。中國的石油外交在高度依賴海上運輸航線的前提下經營對產油國關係，以進口來源多元化分散進口集中風險，石油為經濟發展與軍事動員所必須的基礎原物料，因此石油貿易不只是商業行為，同時還具有軍事、政治、經濟、社會、環境多元化的特殊領域與意涵。中國在建構石油安全複合體系時，對於次體系內的產油國與地緣關鍵國家必須發展多面向的合作，中國與體系內國家建立起石油供需為主，軍事、政治、經貿為輔的安全依存關係，從區域經濟論壇、軍售到外交支持都是強化雙邊合作的必要手段。石油安全事關經濟資源的供給性安全，更與軍事動員能力、國際政治運作等其他安全領域密不可分，探討中國石油安全策略的同時，也就對中國的地緣政治環境、國際外交關係及經濟發展資源瓶頸做出全盤檢視。

從軍事、政治、經濟等安全領域共通的利益交集來穿越各項安全領域，可以發現軍事同盟、政治秩序與經濟活動背後的安全動力具有緊密的連結關係，甚而交互影響[2]，石油安全在此處為複合體系理論的領域跨越提供了有力的觀察面向。在中國石油安全體系分析上，除了產油國善意的石油供需合作，也存在著與美國、日本競爭石油資源及地緣關鍵國家的敵意牽制，當然還有像俄羅斯這樣既競爭又合作的狀態，體系內成員因為各種合作利益、威脅、恐懼等動力交錯而形塑共同的安全認知，彼此安全利益交互連結、產生安全依存關係。也因此體系內單元體的互動行為具備領域跨越與安全認知的多樣性。

三、成員相互牽制與合作推進體系運作

第三是體系內成員相互牽制與合作賦予體系運作動力。中國石油外交安全複合體系存續的前景取決於對產油國關係的經營，但是潛在競爭國家的壓力更是促使複合體系運作的動力，因為安全認知從來就不僅止於善意合作關係，敵意對立所帶來的威脅與

---

[2] Barry Buzan, Ole Waever and Jaap de Wilde, *Security: A New Framework for Analysis* (Boulder, Colo.: Lynne Rienner Publishers, November 1997), pp.12-15.

恐懼也是安全認知的重要構成部分，往往還促成國際建制的成立，引領國際社會走向更成熟的無政府狀態。Barry Buzan 的安全複合體理論從最初的歐盟一直發展到其他國際及區域組織研究，強調複合體系的安全認知來自體系成員對於夥伴、競爭對手、外在威脅交錯下的利益選擇過程，並藉由外部強制力量與信任內部化程度建立體系的權力結構[3]。

綜觀中國石油安全複合體的例子，對產油國關係的經營固然有助於安全依存關係的建立，但許多時候外在競爭對手的威脅卻更加強石油供需關係，同時將安全利益擴散至其他領域。中國曾與越南、菲律賓、印尼等國家爭奪南海主權與資源開發，又積極爭取與新加坡、馬來西亞、印尼等麻六甲海峽所在國家之海事合作，整體看來中國與東協國家在海上運輸航線利益從衝突與合作並存狀態中逐漸取得一致：東協藉助中國強大的經濟實力加強經貿交流，以海事合作利益抑制中國軍事擴張之威脅，平衡美國在區域內獨大態勢，形成與中國的安全依存關係。中國主導成立的上海合作組織原本是從與俄羅斯及中亞國家的邊境裁軍談判所延伸出來的信心建立措施，雙邊關係在反恐與能源合作的共同利益達到頂點，雖然有俄羅斯與美國政府及石油公司的激烈競爭，但中國吸引中亞國家合作的因素除了龐大石油需求及經貿市場商機外，反制俄羅斯能源壟斷的歷史情結與接受美國援助後可能掀起的顏色革命也是中亞國家政策考量所在。

俄羅斯利用中國石油需求操作遠東及西伯利亞開發計畫，遊走於中日兩國間獲取利益，但因應美國介入裏海油氣資源開發與北約東擴威脅，爭取中國外交結盟仍有助於建立對南方鄰邦的穩

---

[3] 鄭先武，「安全研究：一種『多元主義』視角——巴瑞·布贊安全研究透析」，《國際政治研究》（北京），2006 年第 4 期，2006 年 12 月，頁 180-183。

定弧線。中東國家為中國進口原油之主要地區,中國持續擴大的石油需求有助於支撐油價穩定,近年來更積極投資中國境內石化工業以分享其經濟成長利益,同時進口中國成本低廉的軍火武器及石油管線工程,區域內伊朗因為歐美外交孤立及貿易制裁,更是依賴中國與俄羅斯外交支持。非洲的利比亞、蘇丹、阿爾及利亞、奈及利亞、安哥拉,拉丁美洲的委內瑞拉、玻利維亞等產油國家藉由中國軍售、石油交易、外交支持三合一的合作策略鞏固石油威權體制,希望從引進中國的能源合作擺脫原有歐美國家掠奪資源及扶植反對勢力的威脅;而俄羅斯自前蘇聯解體之後經貿實力大不如前,本身也無需進口石油,商業往來僅限於武器銷售,不如中國強勁的石油需求與經貿合作商機,中國得以適時地利用參與區域經貿組織與主辦經濟論壇拉攏產油國家,強化石油外交成效。

四、安全複合體理論的運用限制

以往安全複合體理論源自於對區域組織體系分析,從研究客體在地理空間相鄰的條件上發展出橫跨五項安全領域的探討,本書則從中國進口石油需求強調資源供給性安全,所列舉的複合體系結合地緣同心圓觀點,往外擴展到全球層次的外交政策及戰略效應,固然作出突破了以往理論依附於區域政治格局的嘗試,但是相異於其他安全複合體案例的推演邏輯,理論整體推導有其不足之處仍待後續努力,茲說明兩項研究限制如下:

第一,本書所建構之安全複合體系,係以中國進口石油路線之地緣效應與外交政策相結合為探討起點,涉及區域事務的利益交集也是從石油安全向外推展出去;中國參與區域事務與國際組織之政策取向,事實上包含許多戰略層次考量,石油安全固然為國家生存重要動機，但是欲強調進口石油路線在地緣政治與區域穩定面向之重要性時，必須更深入地對中國的石油外交內涵作出全面性的分析。尤其本書體系設計著重對現況描述，國際市場與海上航線、海上航線及能源路橋之間都具有相互銜接及替代作用，三者今後如何交互影響、構成完整體系後如何牽引中國外交政策走向將是後續研究不可或缺的。

第二，石油安全利益既然為複合安全體理論所定義的資源供給性安全議題，在個案研究上，其實是具有適用其他國家的分析潛力所在，本書突出資源供給性安全重要性於其他安全領域之上，勢須導入其他國家個案延伸其解釋力。尤其美國與日本作為體系內最有力的競爭者，分析兩國各自建構的石油外交體系與中國於其間如何發揮作用，其實對於回顧本研究主題極富助益。至於個案比較因資料蒐集方向及論述篇幅所限，未能完整陳述美國、日本等競爭對手經營資源供給安全所運用的全般軍售及外交作為，將是未來後續研究可供加強之處。

五、未來中國石油安全議題研究重點

本書引用體系概念之設計不同於 Barry Buzan 觀點處在於，Buzan 安全複合體系理論是以現有區域組織研究推展到國際體系，而本書以中國為核心出發的觀察視角，次體系的國家群組係按照地理接近性排列中國進口石油需求的版圖，各端點所在的國家及區域容有交互重疊，不自限於傳統區域層次之研究。各次體系象限安排回歸到中國的地緣戰略選擇，分別從海路、陸路及國際面向作分析，加入同心圓理論探討與大陸中心和邊緣地帶學說來檢視體系未來發展的前景，突出地緣政治重要性。然而，即使之前章節耗費許多篇幅來描述體系的變化，分析仍可能有疏漏之處，今後如何釐清某些突發事件將會影響體系運作的面貌，在此可以歸納出中國石油安全戰略未來的三大重點作爲參考：

(一)周邊海域方面

第一是周邊海域開發問題。中國海洋油田的鑽探與生產已經隨著各項合作協議而取得重大進展，但是東海油氣田開發牽涉與日本的領海爭議，日本又在俄羅斯油管計畫中一直與中國激烈角力，因此東海爭議不僅是爭奪油氣資源，還包括搶占海上戰略通道的主導權。南海油田開發則是牽涉麻六甲海峽向東的戰略通道，中國既向印尼進口原油及天然氣，也在南海油田問題與越南、馬來西亞、菲律賓擱置領海爭議、尋求開發；中國未來與東協關係的能源面向上係相互依存，和日本仍處於爭奪資源的競爭狀態，軍事部署避免與美國軍事聯盟關係及軍力優勢對抗。

(二)能源陸橋方面

第二是能源陸橋運作效益。隨著近年中亞地區油田的投產與國際原油價格高漲，俄亞能源陸橋的成本效益逐漸顯現，管線鋪設也進入了實作階段，油價在可預見的未來仍將維持高檔，有助於歐亞能源陸橋的繼續運作。中國-哈薩克幹線經過新疆進入中國，連帶使新疆地區原油開發取得了運輸效益，而中國-俄羅斯幹線確定與大慶幹線接管之後，對於生產高峰已過的大慶油田設備的再利用確實有所助益；除上述經濟效益外，中國在此間更極力促成區域合作，追求西北邊境穩定。俄亞能源陸橋挹注國內尤其新疆油田開發，從而與石油進口多元化、分散中東進口風險的供應策略相輔相成。但藉由能源陸橋形成中亞石油心臟地帶向遠東輸出樞紐的戰略構想，仍受到日本與俄國另闢路線之牽制；另外美國在主導裏海石油對歐洲輸出方向後，也積極遊說中亞石油向裏海接管，美日的牽制可能削弱了中國對複合體系的主導力量。

(三)地緣關鍵國家

第三是地緣關鍵國家動向發展。俄羅斯與哈薩克占有地緣樞紐地位，又兼具豐富油氣資源，未來對中國能源合作具有指標意義，能源陸橋順利運作將有助於中國分散海上運輸航線風險，並且開啓中國向中亞及裏海地區從事後續石油開發的契機。而巴基斯坦位居中國印度洋軍事部署的最西緣，境內瓜達爾港兼具軍事與石油管線運輸價值，未來中巴石油管道如果完成，中東原油直接從新疆走陸路進入中國，將能彌補中國在印度洋海軍力量的劣勢。伊朗在中東地區石油出口不受美國掌控，而中伊兩國在聯合國事務及軍售方面具備合作關係，今後伊朗可望將與中國發展出更緊密安全依存關係，必然是中國石油安全地緣版圖經營重點。目前美國已在中東建立戰略支點，但因無法控制伊朗而使得中亞與中東駐軍無法相互支應，伊朗對於石油心臟地帶的門戶作用可見一般，伊朗發展裏海出口管道因為對美國方案發揮牽制作用而獲得中國與俄羅斯支持，未來中國在中東及中亞地區的石油地緣戰略勢必以伊朗為支點，透過上海合作組織與亞洲相互協作與信任措施會議等區域組織管道，強化伊朗及其他地緣關鍵國家之能源與戰略合作，與美國的競爭關係勢難避免。因此上述四個國家將是體系內美日兩大競爭對手的爭奪焦點所在，其地緣重要性足以突出於區域次體系之上。

六、安全社群的可能性

中國所建構的石油外交安全複合體系未來仍將面臨美國與日本的牽制與挑戰，更精確地形容，中國經濟的茁壯支持軍事力量成長及促成能源需求擴大，對於美國的全球地緣佈局勢必造成衝擊，日本則因美國的政治和軍事同盟關係支持，在亞太地區仍保持對中國的競爭實力，因此當前中國的石油外交發展前景還是得面對最根本的課題：能源需求與地緣利益爭奪是否會造成中美未來衝突？甚至危及複合體系存續？本研究指出，能源爭奪確實是中美衝突的潛在條件，但是雙方在此議題合作的利益大於相互競爭，因此中美兩國地緣佈局仍會在區域外交平台上維持當前的競爭態勢。至於安全複合體系存續是否因此受到影響？就必須從體系的運作特徵中獲得解答。

中國的石油外交策略結合多元層次行爲主體及安全領域跨越兩項特點，但是石油安全複合體系內的安全認知建構，主要是來自於體系左右兩邊的競爭對手——美國與日本的牽制，中國開展石油外交必須在美國軍力優勢籠罩下避免軍事衝突，同時善用產油國突破美國霸權控制、拓展石油出口市場的安全需求加強與其合作。而日本角逐俄羅斯石油開發，在東海爭奪領海劃分利益及介入東協海事合作的競爭態勢，促使中國的東亞區域政策走向必須融入國際建制以維持多邊合作利益，無法像過去一樣以軍事手段解決中蘇邊界及南海海域問題。體系內善意合作與敵意競爭交錯，各成員國家對威脅與恐懼的應變態度不盡相同、甚至產生衝突，但是美國及日本的競爭態勢卻促使中國與體系內其他端點國家或區域利益交集，多方勢力角逐下發展出的安全依存關係反而構成體系的動態平衡和存續基礎。

中國石油外交安全複合體系固然是以能源需求向外發展出來的國家群組關係，但體系成員目前係基於戰略需求和中國建立合作關係，雙方各取所需的前提下，體系之權力結構並非中國所能主導，成員未必能與中國形成安全複合體系的高級階段－亦即安全利益趨於一體化的安全社群（Security Community）。因爲美國在海上運輸航線與石油心臟地帶的雙重地緣優勢限縮了中國發展空間，日本的存在更牽制中國在東亞地區勢力擴張，因此本書認為，中國未來能源安全認知與所衍伸出的外交政策思維，將會是在這兩大牽制力量拉扯下爭取地緣關鍵國家安全利益結合，繼續擴張石油外交的腳步，在現有石油進口來源和路線多元化的基礎上延續其成果。

參考文獻

一、中文部分

(一)專書

米慶餘,《琉球歷史研究》,天津:天津人民出版社,1998年6月。

李文志,「後冷戰時代亞太安全體系發展與臺灣的戰略思考」,收錄
　　於蕭全政等著,《劇變中的亞太與兩岸關係》,台北:業強出版社,
　　1996年10月,頁29-90。

林毅夫、蔡昉、李周,《中國國有企業改革》,台北:聯經出版社,
　　2000年7月。

徐小杰,《新世紀的油氣地緣政治-中國面臨的機遇與挑戰》,北京:
　　社會科學文獻出版社,1998年4月。

國家計委宏觀經濟研究院編,《中國中長期能源戰略》,北京:中國
　　計劃出版社,1999年2月。

張雅君,「上海合作組織反恐實踐的困境與前景」,收錄於邱稔壤編,
　　《國際反恐與亞太情勢》,台北:政治大學國際關係研究中心,民
　　國93年7月(2004),頁85-113。

陳永發,《中國共產革命七十年》,台北:聯經,1998年12月。

程廣中,《地緣戰略論》,北京:國防大學出版社,1999年1月。

黃生榮主編,《金黃與蔚藍的支點:中國地緣戰略論》,北京:國防
　　大學出版社,2001年1月。

趙常慶,《中亞五國概論》,北京:經濟日報出版社,1999年9月。

閻學通,《中國國家利益分析》,天津:天津人民出版社,1997年7月。

謝永亮、姚蓮瑞，《生存危機-新地緣資源》，成都：四川人民出版社，
2001 年 9 月。

(二)期刊

------，「2005 年中國石油進出口狀況分析」，《國際石油經濟》（北京），第 14
卷第 3 期（2006 年 3 月），頁 1-7。

------，「上海五國安全合作與中共的角色」，《中國大陸研究》（台北），第 46
卷第 6 期（民國 90 年 6 月），頁 33-56。

------，「中共外交政策走向與選擇」，《問題與研究》（台北），第 43 卷第 1 期
（民國 93 年 1 月），頁 105-124。

------，「胡溫體制下的石油外交與挑戰」，《中國大陸研究》（台北），第 48 卷
第 3 期（民國 94 年 9 月），頁 25-50。

------，「國際能源掃描」，《能源報導》（台北），95 年 12 月號（2006 年 12 月），
頁 36-40。

------，「新形勢下的沙特阿拉伯石油戰略」，《中國工業經濟》（北京）， 2005
第 12 期（2005 年 12 月），頁 79-84。

------，「論裏海能源與外高加索地區安全之關係」，《問題與研究》（台北），
第 42 卷第 2 期（民國 92 年 3/4 月），頁 95-114。

丁永康，「中共建構國際政治經濟新秩序分析」，《中國大陸研究》（台北），
第 43 卷第 5 期（民國 89 年 5 月），頁 31-47。

于有慧，「國際因素對當前中共外交政策的影響」，《中國大陸研究》（台北），
第 41 卷第 6 期（民國 87 年 6 月），頁 7-18。

大陸委員會經濟處，「中國大陸原油需求與油源外交之研究」，《兩岸經濟統
計月報》（台北），第 153 期（2005 年 7 月），頁 67-76。

中華經濟研究院，「大陸能源產業的發展現況及未來展望」，《大陸工業發展
季報》（台北），第 29 期（民國 91 年 6 月），頁 23-26。

亢升，「美國因素與中國在非洲的石油安全與外交」，《理論導刊》（西安），
2006 年第 4 期（2006 年 4 月），頁 79-80。

王海運,「俄能源大棒打出聲威」,《中國石油石化》(北京),2006 年第 4 期
　　(2006 年 2 月),頁 35-37。

王鵬,「2004 年中拉關係回顧」,《拉丁美洲研究》(北京), 2005 年第 2 期
　　(2005 年 4 月),頁 45-48。

田春生,「俄羅斯東北亞地區的能源戰略與中國的選擇」,《太平洋學報》(北
　　京),第 12 卷第 6 期(2005 年 6 月),頁 46-57。

田春榮,「2003 年中國石油進出口狀況分析」,《國際石油經濟》(北京),第
　　12 卷第 3 期(2004 年 3 月),頁 10-14。

田澤、李建國等,「石油企業經濟體制改革措施探討」,《河南石油》(南陽),
　　第 12 卷第 4 期(1998 年 8 月),頁 54-56。

伍凡,「析中共漢級核潛艇進入日本領海在中日關係中的作用」,《北京之春》
　　(紐約),第 140 期(2005 年 1 月),頁 83-84。

朱訓,「實行全球能源戰略建立全球供應體系」,《中國礦業》(北京),第 12
　　卷第 5 期(2003 年 5 月),頁 1-8。

朱蓓蕾,「全球化與中共安全觀:轉變與挑戰」,《中國大陸研究》(台北),
　　第 46 卷第 7 期(民國 88 年 7 月),頁 75-108。

朱鳳嵐,「中日東海爭端及其解決的前景」,《當代亞太》(北京),2005 年第
　　7 期(2005 年 7 月),頁 1-22。

吳建德,「中共推動軍事外交戰略之研究」,《中共研究》(台北),第 34 卷第
　　3 期(民國 89 年 3 月),頁 83-102。

吳福成,「國際能源掃描」,《能源報導》(台北),94 年 3 月號(2005 年 3 月),
　　頁 38-42。

呂薇,「也談石油行業的競爭與重組」,《國際石油經濟》(北京),第 9 卷第
　　7 期(2002 年 7 月),頁 42－45。

宋燕輝,「東協與中共商議南海區域行為準則及對我可能之影響」,《問題與
　　研究》(台北),第 39 卷第 4 期(民國 89 年 4 月),頁 17-39。

宋興洲,「區域主義與東亞經濟合作」,《政治科學論叢》(台北),第 24 期(民

國 94 年 6 月），頁 1-48。

李文志,「海陸爭霸下亞太戰略形勢發展與臺灣的安全戰略」,《東吳政治學報》（台北）,第 13 期（2001 年）,頁 129-174。

李宏勛、焦風英,「石油企業的改革經驗教訓」,《中國石油大學學報社會科學版》（山東省東營市）,第 15 卷第 4 期（1999 年 7/8 月）,頁 32-36。

李隆生,「以東協為軸心的東亞經濟整合：從區域主義到全球化？」,《亞太研究論壇》（台北）,第 33 期（2006 年 9 月）,頁 101-124.

李瓊莉,「經濟安全概念在亞太地區的發展」,《問題與研究》（台北）,第 38 卷第 2 期（民國 88 年 2 月）,頁 39-54。

佟剛,「構造後發展均勢－俄美在中亞戰略爭奪及中國的參與」,《國際貿易》（北京）,2001 年第 1 期（2001 年 1 月）,頁 29-30。

彼得·諾蘭（Peter Nolan）,「中國石油和天然氣工業的機構改革—半公司：從直接行政控制到控股公司」,《戰略與管理》（北京）,2000 年第 1 期（2000 年 1 月）,頁 9-36。

林文程,「冷戰後中共與非洲國家軍事合作關係之研究」,《國際關係學報》（台北）,第 13 期（民國 87 年 10 月）,頁 163-183。

林若雯,「中共與東南亞之經濟整合現狀與發展」,《中華歐亞基金會研究通訊》（台北）,第 7 卷第 12 期（2004 年 12 月 10 日）。

金德湘,「新形勢下中國與東南亞的關係」,《現代國際關係》（北京）,1991 年第 8 期（1991 年 8 月）,頁 14-20。

柯玉枝,「從國家利益看冷戰後中共與日本關係中的合作與競爭」,《中國大陸研究》,第 42 卷第 2 期（民國 88 年 2 月）,頁 63-77。

查道炯,「從國際關係角度看中國的能源安全」,《國際經濟評論》（北京）,第 60 期（2005 年 11 至 12 月）,頁 33-35。

洪財隆,「東亞高峰會後的東亞經濟整合趨勢 ——兼談台灣因應之道」,《台灣經濟月刊》（台北）,第 29 卷第 1 期（2006 年 1 月）,頁 21-25。

胡念祖,「南海島嶼主權維護」,《南海政策回顧與展望研討會論文集》,臺北：

內政部，民國 92 年 3 月（2003）。

唐仁俊，「中共處理南沙群島主權爭議之研析」，《海軍學術月刊》（台北），
第 35 卷第 3 期（民國 90 年 3 月號），頁 16-27。

夏義善，「試論中俄能源合作的現況與前景」，《東北亞論壇》（吉林），2000
年第 4 期（2000 年 11 月），頁 31-34。

孫大川，「1982 年聯合國海洋法公約對我國南海島礁主權之影響」，《國防雜
誌》（台北），第 21 卷第 2 期（民國 95 年 2 月），頁 51-60。

孫永祥，「裏海石油之爭的新動向及我國應持的態度」，《石油化工動態》
（北京），第 8 卷第 5 期（2000 年 5 月），頁 10-13。

孫領順，「破解麻六甲困局的克拉地峽方案於中國弊大於利」，《軍事文摘》
（北京），第 135 期（2004 年 10 月），頁 49-52。

秦宣仁，「國際大環境及大國能源外交運籌」，《國際石油經濟》（北京），第
12 卷第 1 期（2004 年 1 月），頁 25-27。

袁古潔，「中越北部灣劃界對中國的影響」，《新經濟》（廣州），2002
年第 10 期（2002 年 10 月），頁 105-107。

袁宏明，「新能源的夢想與困境」，《新財經》（北京），2005 年第 9 期
（2005 年 9 月），頁 73-75。

馬宏，「國家生命線：中外國家石油安全戰略比較與啟示」，《中國軟科學》
（北京），1998 年第 12 期（1998 年 12 月），頁 30-36。

高科，「中日關係的十年回顧與反思」，《現代日本經濟》（長春），第 143 期
（2005 年 5 月），頁 61-70。

高朗，「後冷戰時期中共外交政策的變與不變」，《政治科學論叢》（台北），
第 21 期（民國 93 年 9 月），頁 19-48。

崔新健，「中國石油安全的戰略抉擇分析」，《財經研究》（上海），第
28 卷第 5 期（2004 年 5 月），頁 14-27。

常濱，「吋礁必奪的日本」，《決策與信息》（北京），2004 年第 9 期（2004 年
9 月），頁 20-22。

張文木,「美國石油地緣戰略與中國西藏新疆地區安全」,《戰略與管理》(北京),第 41 卷第 2 期(1998 年 2 月),頁 100-104。

張清敏,「中國外交的三維發展」,《外交評論－外交學院學報》(北京),2004年第 3 期(2004 年 9 月),頁 71-77。

張雅君,「中共與俄羅斯戰略協作夥伴關係發展的基礎、阻力與動力」,《中國大陸研究》(台北),第 43 卷第 3 期(民國 89 年 3 月),頁 1-26。

張銘坤,「這次 帝國從東而來?」,《新聞大舞台》(台北),第 41 期(2006年 11 月),頁 31-35。

張潔,「中國能源安全中的麻六甲因素」,《國際政治研究》(北京),2005 年第 3 期(2005 年 9 月),頁 18-27。

曹玉書,「解決能源問題的戰略思考」,《中國投資》(北京),2002 年第 1 期(2002 年 1 月),頁 58-60。

郭武平,「美伊戰後的中亞情勢」,《國際論壇》(嘉義),第 3 期(2004 年 7月),頁 1-21。

郭武平、劉蕭翔,「上海合作組織與俄中在中亞競合關係」,《問題與研究》(台北),第 44 卷第 3 期(民國 94 年 5 至 6 月),頁 125-160。

陳支農,「中哈油管 中國能源戰略非常通道」,《新西部》(西安),2004 年第 11 期(2004 年 11 月),頁 64-65。

陳永康、翟文中,「中共海軍現代化對亞太安全的影響」,《中國大陸研究》(台北),第 42 卷第 7 期(民國 88 年 7 月),頁 1-25。

陳清泰,「中國的能源戰略與政策」,《國際石油經濟》(北京),第 11 卷第 12 期(2003 年 12 月),頁 41-46。

舒先林、李代福,「中國石油安全與企業跨國經營」,《世界經濟與政治論壇》(南京),2004 年第 5 期(2004 年 10 月),頁 73-78。

黃澤全,「開拓中非合作新思路」,《國際經濟合作》(北京),第 18 卷第 2 期(2002 年 2 月),頁 21-23。

楊祥銀,「聯合國為何解除對蘇丹的制裁」,《西亞非洲》(北京),2002 年第

1 期（2002 年 2 月），頁 39-42。

廖文中，「中共 21 世紀海軍戰略對亞太安全之影響」，《中共研究》（台北），第 34 卷第 6 期（2000 年 6 月），頁 64-68。

熊玠，「中日東海之爭與海權、海洋法」，《中國評論》（香港），第 97 期（2006 年 1 月），頁 6-14。

趙厚學，「伊朗等三國的石油業與中國石化」，《中國石化》（北京），1999 年第 9 期（1999 年 9 月），頁 36-37。

趙國忠，「美國在中東的軍事存在及其戰略企圖」，《西亞非洲》（北京），2006 年第 1 期（2006 年 2 月 10 日），頁 32-36。

趙崇明，「中共當前國際戰略指導原則之探討－新安全觀決策的環境因素」，《共黨問題研究》（台北），第 25 卷第 9 期（民國 88 年 9 月），頁 5-26。

趙華勝，「中亞形勢變化與上海合作組織」，《東歐中亞研究》（北京），2002 年第 6 期（2002 年 12 月），頁 54-59。

劉中民、趙成國，「關於中國海權發展戰略問題的若干思考」，《中國海洋大學學報：社會科學版》（青島），2004 年第 3 期（2004 年 5 月），頁 92-97。

劉先舉，「日本『八八艦隊』發展之研究」，《海軍學術月刊》（台北），第 34 卷第 3 期（民國 89 年 3 月），頁 71-88。

劉明，「石油問題中的多個變量」，《國際經濟評論》（北京），第 60 期（2005 年 11/12 月），頁 36-39。

蔣忠良，「中共之石油戰略與其對非洲關係」，《問題與研究》（台北），第 42 卷第 4 期（民國 92 年 7/8 月），頁 105-128。

蔡信行，「油氣供應國情勢分析研究」，《能源報導》（台北），2006 年第 12 期（2006 年 12 月），頁 14-16。

蔡偉，「中日俄管線之爭的背後」，《三聯生活週刊》（北京），第 258 期（2003 年 9 月 22 日），頁 22-27。

鄭先武，「安全研究：一種"多元主義"視角——巴瑞•布贊安全研究透析」，《國際政治研究》（北京），2006 年第 4 期（2006 年 12 月），頁 177-189。

鄧玉英、陳建甫，「從知識經濟看東協四國產業競爭力」，《東南亞經貿投資季刊》（台北），第 19 期（2003 年 3 月），頁 1-11。

賴怡忠，「恐怖主義、新保守主義、國際政治－恐怖主義與美國的國際戰略爭論」，《當代》（台北），第 216 期（2005 年 8 月），頁 50-61。

賴婺苓，「新世紀的能源政策趨勢-俄羅斯」，《能源報導》（台北），2006 年第 5 期（2006 年 5 月），頁 14-16。

錢學文，「中國能源安全戰略和中東、里海油氣」，《吉林大學社會科學學報》（長春），第 46 卷第 2 期（2006 年 3 月），頁 39-44。

閻學通，「冷戰後中國的對外安全戰略」，《現代國際關係》（北京），1995 年第 8 期（1995 年 8 月），頁 24-31。

龍舒甲，「從石油利益論 911 事件後的中亞地區與其周邊情勢」，《問題與研究》（台北），第 41 卷第 6 期（民國 91 年 11/12 月），頁 109-124。

鍾佳安，「從 1973 年至 2000 年美國石油危機與對策看經濟安全概念」，《問題與研究》（台北），第 41 卷第 6 期，（民國 91 年 11/12 月），頁 1-24。

韓立華，「上海合作組織框架下多邊能源合作的條件與前景」，國際石油經濟（北京），第 14 卷第 6 期（2006 年 6 月號），頁 3-6。

顧立民，「新世紀中共地緣戰略思想」，《問題與研究》，第 42 卷第 3 期（民國 92 年 5/6 月），頁 59-78。

(三)報紙

王海征，「政府只作裁判員」，《經濟參考報》（北京），2003 年 3 月 7 日。

白德華，「中共大手筆 非洲邦交國債務全免」，《中國時報》（台北），2006 年 11 月 5 日，版 A13。

李大中，「剖析中共在伊朗危機中的利益攫奪」，《青年日報》（台北），2006 年 4 月 23 日，版 3。

李雋瓊，「中俄石油管線三次改道，泰納線一期進中國」，《北京晨報》（北京），2006 年 1 月 11 日，版 5。

李鐏龍，「無視美眾院壓倒性反對　中海油執意併購優尼科」，《工商時報》（台北）2005 年 7 月 3 日，版 5。

金煒，「哈薩克石油流進中國　開啟境外陸路管線供油時代」，《中華工商時報》（北京），2006 年 4 月 30 日，版 A3。

胡念祖，「東海‧謀星艦與春曉汽田」，《自由時報》（台北），2005 年 4 月 19 日，版 14。

修宇，「國資委機構改革方案終結五龍治水」，《北京晨報》（北京），2003 年 3 月 10 日，版 2。

徐翼，「能源合作成重頭戲　中國元首的大國之旅能源之旅」，《中華工商時報》（北京），2006 年 4 月 13 日，版 1。

柴瑩輝、朱力，「關係未來亞洲石油通道，中新角力瓜達爾港經營權」，《中國經營報》（北京），總第 1665 期，2006 年 8 月 7 日，版 A3。

高航，「日本企圖通過情報交換中心監控馬六甲海峽」，《中國國防報》（北京），2005 年 11 月 15 日，版 6。

張向冰，「國家利益與海洋戰略」，《中國海洋報》（北京），2004 年 5 月 14 日，版 2。

張漢林，「中國石化工業入世挑戰嚴峻產業結構亟需調整」，《中國信息報》（北京），2001 年 1 月 4 日。

符定偉，「巴基斯坦通道:破解中國南線石油困局」，《21 世紀中國經濟報導》（廣州），2004 年 12 月 30 日，頁 27。

陳一鳴，「巴基斯坦俾路支省局勢持續不穩」，《人民日報》（北京），2006 年 2 月 16 日，版 6。

陳可乾，「石油安全不能輕忽：麻六甲海峽能開放介入嗎?」，《中國時報》（台北），2005 年 8 月 4 日。

陳其珏、孫曉旭，「中國拿下俄羅斯巨型油氣田項目，日本感到失望」，《東方早報》（上海），2006 年 10 月 26 日。

新華社稿,「國務院機構改革方案」,《人民日報》（北京）,2003 年 3
月 10 日,版 1。

楊謳,「各國博弈石油運輸新航線 泰國克拉運河意義凸現」,《人民
日報》（北京）,2004 年 8 月 11 日,版 8。

劉樹鐸,「中亞落子 中國海外能源力拓版圖」,《中國經濟時報》（北
京）,2005 年 11 月 9 日,版 2。

樂紹延、傅勘,「日本:擴軍與立法並行」,《國際先驅導報》（北京）,
2005 年第 50 期,2005 年 12 月 9 日,版 5。

蔡宏明,「坎昆會議的啟示:結盟」,《中國時報》（台北）,2005 年 9
月 16 日,版 A15。

賴怡忠,「邁向後二加二時代的美日台合作」,《台灣日報》（台中）,
2005 年 10 月 24 日,版 13。

魏國金,「泛亞鐵路 18 國聯手打造」,《自由時報》（台北）,2006 年
11 月 11 日,版 A12。

魏國彥,「東海石油流向何處」,《中國時報》（台北）,2004 年 10 月
24 日,版 15。

(四)網路資料

人民網軍事報導專區,網址:

  http://people.com.cn/bbs/ReadFile?whichfile=2851170&typeid=21。

上海合作組織,網址:http://www.sectsco.org/home.asp。

中央社,網址:

  www.cdn.com.tw/daily/2004/10/07/text/931007h9.htm。

中國人民網,網址:

  http://www.people.com.cn/item/ldhd/zbhome.html。

中國海外石油投資統計,網址:

  http://ics.nccu.edu.tw/cgr/mid_east_area.php?id=14。

中華人民共和國外交部,網址:

http://www.fmprc.gov.cn/chn/1677.html。

中華人民共和國商務部綜合司，網址：
http://zhs.mofcom.gov.cn/tongji2006.shtml。

中華民國外交部，網址：
http://www.mofa.gov.tw/webapp/lp.asp?ctNode=272&CtUnit=30&Ba
seDSD=30。

中華民國國貿局，網址：
http://cweb.trade.gov.tw/kmDoit.asp?CAT517&CtNode=615。

政治地理圖與文（liebigson 個人網站），網址：
http://blog.yam.com/dili。

新華網，網址：
http://news.xinhuanet.com/world/2006-09/01/content_5033207.ht
m。

二、英文部分

(一)專書

-----------------------, *Putting energy in the spotlight: BP Statistical Review of World Energy June 2007*, (Surrey, UK: BP Distribution Service , October 2007).

British Petroleum Company, *Putting energy in the spotlight: BP Statistical Review of World Energy June 2006*, (Surrey, UK: BP Distribution Service, October 2006).

Brzezinski, Zbigniew. *The Grand Chessboard: American Primacy and Its Geostrategic Imperatives* (New York: Basic Books,October 1998).

Buzan, Barry. *People, States, and Fears: An Agenda for International Studies in the Post-War Era* (Boulder, Colo.: Lynne Rienner

Publishers, January 1991).

Buzan, Barry. Waever, Ole and Wilde, Jaap de. *Security: A New Framework for Analysis* (Boulder, Colo.: Lynne Rienner Publishers, November 1997).

Byman, Daniel. and Cliff, Roger. *China's Arms Sales: Motivations and Implications* (Santa Monica, Ca: RAND Corporation, February 2000).

Chao, Yang Peng. *Challenges to China's Energy Security* (Adelaide: The University of Adelaide, August 1996).

Cole, Bernard D. *Oil for the Lamps of China — Beijing's 21st-Century Search for Energy* (Washington, D.C.: National Defense University Press, October 2003).

Cordesman, Anthony H. *The Shifting Geopolitics of Energy-Fuel Choice, Supply, and Reliability in the Early 21st Century* (Washington, D.C.: Center for Strategic and International Studies , January 2001).

Downs, Erica Strecker. *China's Quest for Energy Security* (Santa Monica, Ca.: Rand Corporation, September 2000).

Godemont, Francois. "China's Arms Sales," in Gerald Segal and Richard H. Yang eds., *Chinese Economic Reform: The Impact on Security* (London and New York: Routledge, April 1996), pp.95-110.

Gore, Lance L. P. *Market Communism: The Institutional Foundation of China's Post-Mao Hyper-Growth* (London：Oxford University Press, February 1999) .

Grace, John. *Russian Oil Supply: Performance and Prospects* (London: Oxford University Press , January 2005).

Huang, Xiaoming ed. *The Political and Economic Transition in East Asia: Strong Market, Weakening State* (Cornwall: Curzon Press, October 2000).

Huang, Yiping. and Song, Ligang. "State-Owned Enterprise and Bank Reform in China: Conditions for Liberalism of the Capital Account," in Drysdale, Peter. ed. *Reform and Recovery in East Asia: The Role of the State and Economic Enterprise* (New York: Taylor & Francis, January 2005), pp.214-228.

Johnson, Robert. *Spying for Empire: The Great Game in Central and South Asia, 1757-1947* (London: Greenhill, April 2006).

Kiesow, Ingolf. *China's Quest for Energy: Impact Upon Foreign and Security Policy* (Stockholm：Swedish Defense Research Agency, November 2004).

Klare, Michael T. *Blood and Oil: The Dangers and Consequences of America's Growing Dependency on Imported Petroleum* (New York: Metropolitan Books, August 2004).

Lu, Ding and Tang, Zhimin. *State Intervention and Business in China：The Role of Preferential Policies* (Cheltenham ,UK：Edward Elgar, November 1997).

Mackinder, Halford J. *Democratic Ideals and Reality* (New York: W.W.Norton & Company, 1962).

Malik, Mohan. *Dragon on Terrorism: Assessing China's Tactical Gains and Strategic Losses Post-September 11* (Hawaii: Strategic Studies Institute of the U.S. War College, October 2002).

Ni, Xiaoquan （倪孝銓）, "China's Security Interests in the Russian Far East", in Iwashita Akihiro （荒井信雄）ed., *Siberia and the Russian Far East in the 21st Century: Partners in the "Community of Asia" Vol.1 - Crossroads in Northeast Asia* (Sapporo: Slavic Research Center, Hokkaido University, February 2005), pp.55-66.

Nye, Joseph S. *Peace in Parts: Integration and Conflict in Regional*

Organization (Boston: Little Brown, 1971).

ÖGÜTÇÜ, Mehmet. "China's Energy Future and Global Implications", in Werner Draguhn and Robert Ash eds., *China's Economic Security* (London: Cornwall, June 1999).

Ong, Russell. *China's security interests in the post-Cold War era* (London: Curzon, December 2001).

Prunier, Gérard. *Darfur: The Ambiguous Genocide* (New York: Cornell University Press, August 2005).

Pumphrey, Carolyn W. *The Rise of China in Asia: Security Implications* (Washington, D.C.: Strategic Studies Institute, January 2002).

Rashid, Ahmed. *Jihad: The Rise of Militant Islam in Central Asia* (New Haven : Yale University Press, January 2002).

Richmond, Surrey. *China's integration in Asia: economic security and strategic issues* (London: Curzon, 2002）.

Sam J. Tangredi ed., *Globalization and Maritime Power* (Hawaii: University Press of the Pacific, February 2003).

Saunders, Stephen RN. *Jane's Fighting Ships, 2005-2006* (Surrey, U.K.: Jane's Information Group, August 2005).

Smil, Vaclav. *China's Past, China's Future – Energy, food, environment* (New York: Routledge Curzon, December 2003).

Speed, Philip Andrews. Liao, Xuanli. and Dannreuther, Roland. *The Strategic Implication of China's Energy Needs* (London: Oxford University Press, August 2002).

Spykman, Nicholas J. *America's Strategy in World Politics: The United States and the Balance of Power* (New York: Harcourt, Brace and Company, 1942).

Stern, Jonathan P. *The Future of Russian Gas and Gazprom* (Northants,

UK: Oxford University Press, October 2005).

Teicher, Howard. and Teicher, Gayle Radley. *Twin Pillars to Desert Storm: America's Flawed Vision in the Middle East from Nixon to Bush* (New York: Morrow, April 1993).

Wu, Yu-Shan. *Comparative Economic Transformations: Mainland China, Hungary, the Soviet Union, and Taiwan* (Stanford: Stanford University Press, March 1995).

(二)期刊

----------------, "An Opening for U.S.- China Cooperation", *Far Eastern Economic Review*, vol.169, no. 4, May 2006, pp.44-47.

Arruda, Michael E. and Li, Ka – Yin."China's Energy Sector: Development, Structure and Future", *China Law & Practice*, vol.17, no.9, November 2003, pp.12-27.

Bahgat, Gawdat. "Oil and Terrorism: Central Asia and the Caucasus", *The Journal of Social, Political, and Economic Studies*, vol.30, no.3, Fall 2005, pp.265-283.

Bickford, Thomas J. "The Chinese Military and Its Business Operations: The PLA as Entrepreneur", *Asian Survey*, vol.34, no.5, March 1994, pp.460-474.

Blackman, Allen. and Wu, Xun. "Foreign direct investment in China's power sector: trends, benefits and barriers", *Energy Policy*, vol.27, no.12, November 1999, pp.695-711.

Blank, Stephen. "China, Kazakh Energy,and Russia: An Unlikely Ménage a Trios", *The China and Eurasia Forum Quarterly*, vol.3, no.3, November 2005, pp.99-109.

Chow, Gregory C. "Challenges of China's Economic System for Economic Theory", *American Economic Review*, vol.87, no.2, May

1997, pp.321-327.

Cornell, Svante E. and Spector, Regine A. "Central Asia: More than Islamic Extremists", *Washington Quarterly*, vol.25, no.1, Winter 2002, pp.193-206.

Crispin, Shawn W. "Pipe of Prosperity", *Far Eastern Economic Review*, vol.167, no.7, Feb 19, 2004, pp.12-18.

Ding, Arthur S. "China's Energy Security Demands and the East China Sea: A Growing Likelihood of Conflict in East Asia", *The China and Eurasia Forum Quarterly*, vol.3, no.3, November 2005, pp.35-38.

Dorian, James P., Utkur Tojiev Abbasovich, et.al.," Energy in Central Asia and Northwest China: major trends and opportunities for regional cooperation", *Energy Policy*, vol.27, no.5, May 1999, pp.281-297.

Eisenman, Joshua. and Kurlantzick ,Joshua. "China's Africa Strategy", *Current History*, vol.105, no.691, May 2006, pp.219-224.

Engardio, Pete. Roberts, Dexter. and Belton, Catherine. "Growing up fast: Chinese oil giants are finally becoming serious global players", *Business Week*, no.3826, Mar 31, 2003, pp.52-53.

Feigenbaum, Evan A. "China's military posture and the new economic geopolitics", *Survival*, vol.41, no.2, Summer 1999, pp.71-88.

Friedman, Thomas L. "The First Law of Petro-politics", *Foreign Policy*, no. 154, May/June 2006, pp.28-36.

Haider, Ziad. "Baluchis, Beijing, and Pakistan*'s* Gwadar Port", *Georgetown Journal of International Affairs*, vol.6, no.1, Winter/Spring 2005, pp.95-103.

Hakim, Peter. "Is Washington Losing Latin America? ", *Foreign Affairs*, vol.85, no.1, Jan / Feb 2006, pp.39-53 .

Information Office of PRC State Council "The development of China's

Marine Programs", IOPSC May 1998, *Beijing Review*, June 15-21, 1998, p.16.

Jaffe, Amy Myers and Lewis, Steven W. "Beijing's Oil Diplomacy", *Survival*, vol.44, no.1, Spring 2002, pp.115-134.

Kane Thomas M. and Serewicz, Lawrence W. "China's Hunger: The Consequences of a Rising Demand for Food and Energy", *Parameters-US Army War College Quarterly*, vol.31, no.3, Autumn 2001, pp.63-75.

Kim, Shee poon. "The South China Sea in China's Strategic Thinking", *Contemporary Southeast Asia*, vol.19, no.4, March 1998, pp.369-387.

Kurlantzick, Joshua. "China's Latin Leap Forward", *World Policy Journal*, Vol.XXIII, no.3, Fall 2006, pp.33-41.

Kym, Anderson. and Chao, Yang Peng. "Feeding and Fueling China in the 21st Century", *World Development*, vol.26, no.8, August 1998, pp.1413-1429.

Lee, Lai To. "China's Relations with ASEAN: Partners in the 21st Century?", *Pacifica Review: Peace, Security & Global Change*, vol.13, no.1, February 2001, pp.61-71.

Lee, Wei-chin. "Troubles Under Water: Sino-Japanese Conflict of Sovereignty on the Continental Shelf in the East China Sea", *Ocean Development and International Law*, no.18, 1987, pp.585-611.

Leverett, Flynt and Bader, Jeffery "Managing China – U.S. Energy Competition in the Middle East", *The Washington Quarterly*, vol.29, no.1, Winter 2005/06, pp.187-201.

Luft, Gal and Korin, Anne. "The Sino-Saudi Connection", *Commentary*, vol.117, no.3, March 2004, pp.26-29.

Maynes, Charles William. "America Discover Central Asia", *Foreign*

Affairs, vol.82, no.2, Mar/Apr 2003, pp.120-132.

McDermott, Roger. "Uzbekistan Hosts Anti-Terrorism Drills", *Eurasia Daily Monitor*, vol.3, no.50, March 14, 2006.

McMillan, John and Naughton, Barry, "How to Reform a Planned Economy: Lesson from China", *Oxford Review of Economic Policy*, vol.8, no.1, Spring 1992, pp.130-143.

Meyer, Peggy Falenheim. "The Russian Far East's economic integration with Northeast Asia: Problems and Prospects", *Pacific Affairs*, vol.72, no.2, Summer 1999, pp.209-224.

Moran, Theodore H. "International Economics and National Security", *Foreign Affairs,* vol.69, no.5, Winter 1990/91, pp.74-91.

Ott, Marvin C. "East Asia: Security and Complexity", *Current History*, April 2001: Asia, pp.147-153.

Rasizade, Alec. "Washington and the Great Game In Central Asia", *Contemporary Review*, vol.280, no.1636, May 2002, pp.257-270.

Reinganum, Julie and Pixley, Thomas. "Bureaucratic Mergers and Acquisitions", *The China Business Review*, vol.25, no.3, March 1998, pp.36-41.

Rubin, Barry. *"China's* Middle East Strategy", *Middle East Review of International Affairs, vol.*3, no.1, March 1999, pp.46-54.

Salameh, Mamdouh G. "Quest for Middle East oil: the U.S. versus the Asia-Pacific region", *Energy Policy*, vol.31, no.11, September 2003, pp.1085-1091.

Seekins, Donald M. "Burma-China Relations: Playing with Fire", *Asian Survey*, vol.37, no.6, June 1997, pp.525-539.

Shen, Dingli. "Iran's Nuclear Ambitions Test China's Wisdom", *The Washington Quarterly*, vol.29, no.2, Spring 2006, pp.55-66.

Shephard, Allan. "Maritime Tensions in the South China Sea and the Neighborhood: Some Solution", *Studies in Conflict and Terrorism*, vol.17, no.2, April/June 1994, pp.181-211.

Sinton, Jonathan E. "Accuracy and Reliability of *China's* Energy Statistics", *China Economic Review*, vol.12, no.4, September 2001, pp.373-383.

Speed, Philip Andrews and Sergei Vinogradov, "China's Involvement in Central Asian Petroleum: Convergent or Divergent Interests? ", *Asian Survey* , vol.40, no.2, March /April 2000, pp.377-397.

Spykman, Nicholas J. "Geography and Foreign Policy I", *The American Political Science Review*, Vol.XXXII, No.1, February 1938, pp.28-50.

Telhami, Shibley. "The Persian Gulf: Understanding the American Oil Strategy", *Brookings Review*, vol.20, no.2, Spring 2002, pp.32-36 .

Wang, Haijiang Henry. "The perplexing dispute over oil", *Resources Policy*, vol.23, no.4, December 1997, pp.173-178.

Weitz, Richard. "Why Russia and China have not formed an anti-American alliance", *Naval War College Review* , vol.56, no.4 , Autumn 2003 ,pp.39-61.

Wong ,John. and Chan ,Sarah." China-ASEAN Trade Agreement: Shaping Future Economic Relations", *Asian Survey*, vol.43, no.3, May/June 2003, pp.507-526.

Wu, Kang. and Li , Binsheng."Energy development in China – National policies and regional strategies", *Energy Policy,* vol.23, no.2, 1995, pp.167-178.

Yuan, Jing-dong. "China's defense Modernization: implications for Asia-Pacific Security", *Contemporary Southeast Asia*, vol.17, no.1, June 1995, pp.67-84.

Yuan, Sy. and Chen, Yi-Kun, "An Update on China's Oil Sector Overhaul", *China Business Review*, vol.27, no.2, Mar/Apr2000, pp.36-43.

Zha, DaoJiong.（查道烔）*"China's* Energy Security and Its International Implication", *The China and Eurasia Forum Quarterly,* vol.3, no.3, November 2005, pp.39-54.

Ziegler, Charles E. "The Energy Factor in China's Foreign Policy", *Journal of Chinese Political Science Review*, vol.11, no.1, Spring 2006, pp.1-22 .

Zweig, David. and Jianhai Bi. "China's Global Hunt for Energy", *Foreign Affairs*, vol.84, no.5 ,September/ October 2005, pp.25-38.

(三)政府及國際組織出版品

-----------------, *Conventional Arms Transfers to Developing Nations, 1998-2005* (Washington DC: Congressional Research Service, October 2005).

-----------------, *World Energy Outlook 2004* (Paris: OECD Publication Service, November 2004).

-----------------, *World Energy Outlook 2005 -- Middle East and North Africa Insights* (Paris: OECD Publication Service , November 2005).

Asia Pacific Economic Research Centre (APERC), APEC Energy Demand and Supply Outlook 2006: Projection to 2030 Economy Review (Tokyo: Asia Pacific Economic Research Centre, September 2006).

Bruyneel, Mark. ed., *Piracy and Armed Robbery Against Ships: IMB Annual Report, January 1 - December 31, 2004* (London: ICC International Maritime Bureau, March 2005).

Gao, Shixian. "China" in Paul B. Stares ed., *Rethinking Energy Security in East Asia* (Tokyo: Japan Center for International Exchange, November 2000).

Grimmett, Richard F. *Conventional Arms Transfers to Developing Nations , 1993-2000* (Washington DC: Congressional Research Service, August 2001).

Hardouin, Patrick. Weichhard, Reiner. and Peter Sutcliffe eds., *Economic Developments and Reforms In Cooperation Partner Countries: the interrelationship between regional economic cooperation, security and stability* (Brussels: NATO Publication Service, July 2002).

Kong Bo ,*An anatomy of China's Energy Insecurity and Its Strategies* (Virginia, U.S.: National Technical Information Service, December 2005).

Koyama, Ken. *Oil Market in China : Current Situation and Future Prospects* (Tokyo: The Institute of Energy Economics Japan, December 2002).

Larsson, Robert L. *Russia's Energy Policy: Security Dimensions and Russia's Reliability as an Energy Supplier* (Stockholm: FOI / Swedish Defense Research Agency, March 2006).

Mandil, Claude. ed., *World Energy Investment Outlook 2003 Insight* (Paris: OECD Publication Service, November 2003).

Office of the Secretary of Defense , *Annual Report to Congress: The Military Power of the People's Republic of China 2005* (Virginia, U.S.: National Technical Information Service ,June 2006).

Priddle, Robert. ed., *China's Worldwide Quest for Energy Security* (Paris: OECD Publication Service, April 2000).

World Bank and the Institute of Economic System and Management,

Modernizing China's Oil And Gas Sector: Structure Reform and Regulation (Washington: World Bank, November 2000).

Yuan, Jing-dong. *China-ASEAN Relations: Perspective, Prospects and Implications for U.S. Interests* (Washington D.C.: The Strategic Studies Institute of the US Army War College, October 2006).

(四)報紙

----------------, "Bush Wrong-footed as Iran Steps up International Charm Offensive", *the Guardian /UK edition*, June 20, 2006, p.5 .

AP, "Air patrol formed to stop piracy in the Malacca Strait", *Taipei Times*, Aug 03, 2005, p.5.

Asia Pulse. "ASEAN urged to close ranks to compete with China", *Asia Times*, March 12 , 2002 .

Borger, Julian. "We are not leaving, Gates warns Iran as troop surge begins", *The Guardian*, January 16, 2007.

Chung, Joanna. "China and India eye Rosneft's IPO", *Financial Times*, June 15, 2006, p.C3.

Crampton, Thomas. "China sees market in Southeast Asia", *International Herald Tribune*, October 07, 2003, p.D11.

Dyer, Geoff. "China: Galloping demand raises big questions", *Financial Times*, October 23, 2006, p.4

Engdahl, William F. "Revolution, geopolitics and pipelines", *Asia Times*, June 30, 2005.

Fullbrook, David. "Pan-Asian railway set in train", *Asia Times*, Janurary 25, 2005.

Fuller, Thomas. "Resources in Myanmar Keep Junta in Business", The New Times, October 8, 2007, p.A10.

Gertz, Bill. "Chinese firm hit with U.S. sanctions", *The Washington*

Times, May 23, 2003, p.A12.

Helmer, John. "Putin's hands on the oil pumps", *Asia Times*, Aug 26, 2004.

Lynch, David J. "China elevates its economic profile in Africa", *USA Today*, November 2, 2006, p.C6.

Mihailescu, Andrea R. "Despite sanctions, U.S. allies aid oil, gas pipeline projects", *The Washington Times*, June 29, 2005, p.15.

Ott, Marvin C. "Watching China Rise Over Southeast Asia", *International Herald Tribune*, September 16, 2004, p.C8.

Pan, Esther. "Q & A: China, Africa, and Oil", *The New York Times*, January 18, 2006, p.A5.

Pei, Minxin. "China's Big Energy Dilemma", *The Straits Times*, April 13, 2006, p.6

Tisdall, Simon. "The Worst in Iraq is yet to Come", *The Guardian*, October 17, 2006.

Walker, Tony and Corzine, Robert. "China Buys $4.3bn Kazak oil Stake", *Financial Times*, June 5, 1997, p.9.

William, Engdahl F. "Revolution, geopolitics and pipelines", *Asia Times*, June 30, 2005.

Wright, Robin. "Bush Aims for 'Greater Mideast' Plan", *The Washington Post*, February 9, 2004, p.A2.

(五)網路

Energy Information Administration, United States Government. Website：

http://www.eia.doe.gov/emeu/cabs/topworldtables1_2.html。

International Energy Agency, Organisation for Economic Cooperation and Development. Website：http://www.iea.org/。

Emanuela Sardellitti , " 'Myanmar Courted by the Asian Players '' , The Power and Interest News Report (PINR) , March 8 , 2007, Website：http://www.pinr.com/report.php?ac=view_report&report_id=627&language_id=1。

United Nations Security Council Resolutions. Website：http://daccessdds.un.org。

三、日文部分

(一)專書

平松茂雄，《中国の戦略的海洋進出》，東京：勁草書房，2002 年 1 月。

村田忠禧，《尖閣列島釣魚島爭議》，東京：日本僑報社，2004 年 6 月。

(二)期刊

竹田いさみ，「日本が主導する「海洋安全保障」の新秩序」，《中央公論》，2004 年 10 月號，頁 71～73。

名詞索引

亞太研究系列

中國石油外交策略探索
——兼論安全複合體系之理論與實際

作　　者／魏艾、林長青
出　版　者／生智文化事業有限公司
發　行　人／葉忠賢
地　　址／台北縣深坑鄉北深路三段 258 號 8 樓
電　　話／(02)26647780
傳　　真／(02)26647633
E - mail ／service@ycrc.com.tw
網　　址／www.ycrc.com.tw
印　　刷／科樂印刷事業股份有限公司
I S B N ／978-957-818-885-3
初版一刷／2008 年 9 月
定　　價／新臺幣 300 元

總 經 銷／揚智文化事業股份有限公司
地　　址／台北縣深坑鄉北深路三段 260 號 8 樓
電　　話／(02)86626826
傳　　真／(02)26647633

國家圖書館出版品預行編目資料

中國石油外交策略探索：兼論安全複合體系之
理論與實際 ＝ Researching China's oil
diplomacy strategy: theory and reality of
security complexes ／ 魏艾, 林長青著. -- 初
版. -- 臺北縣深坑鄉：生智, 2008.09
　　面： 公分. --（亞太研究系列）
參考書目：面
含索引
ISBN 978-957-818-885-3（平裝）

1.石油問題 2.外交政策 3.中國外交

457.01　　　　　　　　　　　97014878